第二次青藏高原综合科学考察研究项目
国家科学技术学术著作出版基金　资助出版

西藏蝴蝶图鉴

ATLAS OF XIZANG BUTTERFLIES

潘朝晖　武春生　罗大庆　编著

河南科学技术出版社
· 郑州 ·

图书在版编目（CIP）数据

西藏蝴蝶图鉴/潘朝晖，武春生，罗大庆编著. —郑州：河南科学技术出版社，2021.11
ISBN 978-7-5349-9831-7

Ⅰ.①西… Ⅱ.①潘…②武…③罗… Ⅲ.①蝶—西藏—图集 Ⅳ.①Q964-64

中国版本图书馆CIP数据核字（2020）第268104号

出版发行：河南科学技术出版社
　　　　　地址：郑州市郑东新区祥盛街27号　　邮编：450016
　　　　　电话：（0371）65737028　65788613
　　　　　网址：www.hnstp.cn
策划编辑：陈淑芹　李义坤
责任编辑：李义坤
责任校对：崔春娟
整体设计：张　伟
责任印制：张艳芳
印　　刷：河南瑞之光印刷股份有限公司
经　　销：全国新华书店
开　　本：889 mm×1 194mm　1/16　印张：30.5　字数：860千字
版　　次：2021年11月第1版　2021年11月第1次印刷
定　　价：498.00元

《西藏蝴蝶图鉴》编委会

主　　任：娄源冰　　郑维列
顾　　问：乔格侠　　王保海
编 著 者：潘朝晖　　武春生　　罗大庆
编　　委（按姓氏拼音排序）：

陈恩勇　　陈刘生　　陈小强　　范骁凌　　韩辉林　　洪大伟
蒋雨恒　　李成德　　李泽建　　马方舟　　庞　博　　潘　刚
权　红　　王晨彬　　王瑞红　　王文峰　　吴　珑　　鲜春兰
邢　震　　杨棋程　　杨小林　　于　粮　　于　霞　　岳海梅
张惠娟　　张新军　　周　英　　周晨霓　　周润发

前　言

　　西藏是"世界第三极"青藏高原的主体之一，因其特殊的地理气候环境使全国乃至全世界都对西藏生物资源特别关注。蝴蝶是"会飞的花朵"，分布广泛，对栖息地的专一性强，对环境变化十分敏感，是公认的生物多样性指示生物类群；另外，蝴蝶也是重要的传粉昆虫，它对于维持植物遗传多样性、提高农作物产量和质量等都发挥着重要的作用，但也有个别蝴蝶种类是一些农林害虫。因此，研究蝴蝶具有重要的生态、学术和经济价值。

　　西藏昆虫现有记录种6000余种，以往出版过许多关于西藏昆虫的专著，但少有图鉴。西藏蝴蝶作为人们喜爱的类群，目前尚未有人对其进行过系统研究和总结。查阅文献显示，西藏蝴蝶有明确记录的种类有430种，本书收录163属344种（其中，85种为西藏新记录种，在本书中西藏新记录种后都采用 * 标识），将西藏蝴蝶种类增加至514种。本书中拍摄的1 700余幅蝴蝶照片所有标本全部来源于西藏，这些标本为作者十余年采集及中国科学院动物研究所数十年的积淀。之前一些蝶类书籍虽然记载有些蝴蝶种类在西藏分布，但都未收录西藏蝴蝶标本照片。本书首次以图鉴形式对西藏蝴蝶类群进行系统的总结和展现，对西藏生物多样性研究、农林病虫害防控都有重要的意义。

　　长期以来，作者对西藏蝴蝶进行了持续而深入的研究，并且分别得到了"第二次青藏高原综合科学考察研究"（项目编号：2019QZKK05010602）、国家科学技术学术著作出版基金、国家自然科学基金（基金号：31760631）、2016年中央财政支持地方高校发展专项资金"2016年藏东南昆虫资源调查"（财教指2016-67号，项目编号：502016023）、2019年西藏自治区自然科学基金重点项目（基金号：XZ 2019 ZR G-57（Z））、西藏农牧学院林学学科创新团队建设导师创新项目（项目编号：藏财预指2020-11-12）、生态环境部生物多样性保护重大工程项目及西藏林芝森林生态系统国家定位观测研究站、西藏高原森林生态教育部重点实验室、西藏高原生态安全 联合重点实验室和中国科学院青藏高原研究所藏东南高山环境综合观测研究站的支持，在此郑重表示感谢！

　　本书在编写过程中得到了乔格侠研究员、陈军研究员、朱朝东研究员、薛大勇研究员、韩红香副研究员、张彦周副研究员、梁宏斌副研究员、李后魂教授、张春田教授、郝家胜教授、黄灏先生、郎嵩云博士、呼景阔老师、周尧至副教授、徐海青老师及昆虫爱好者刘锦程、李映斌等给予的帮助和支持，在此表示诚挚的谢意！同时感谢杨棋程博士在西藏蝴蝶采集、制作和拍摄生态照方面给予的大力支持；此外，还要真诚地感谢黄复生、林再、韩寅恒等前辈早期在西藏交通非常不便的情况下的辛勤采集！

　　由于时间仓促，书中错误和疏漏之处，敬请专家、读者批评指正。

编者

2020年8月

目　录

第一部分　总论

第二部分　各论

一、凤蝶科 Papilionidae

二、粉蝶科 Pieridae

三、蛱蝶科 Nymphalidae

四、灰蝶科 Lycaenidae

五、弄蝶科 Hesperiidae

第三部分　西藏蝴蝶生态图

第一部分

总　论

一、西藏自然地理概况

西藏自治区位于青藏高原西南部，地处北纬 26° 50′ 至 36° 53′，东经 78° 25′ 至 99° 06′ 之间，是青藏高原的主体部分，有着"世界屋脊"之称。它北邻新疆，东连四川，东北靠青海，东南连接云南，南面与缅甸、印度（包括锡金邦）、不丹、尼泊尔等国毗邻，西面与克什米尔地区接壤，地势由西北向东南倾斜，地形复杂多样，南北最宽 900 多 km，东西最长达 2 000 多 km，全区面积 122.84 万 km²，约占全国总面积的 1/8，是中国西南边陲的重要门户。

西藏地貌复杂多样，反映着西藏高原自然条件的复杂和自然资源的丰富。全区为喜马拉雅山脉、昆仑山脉和唐古拉山脉所环抱，平均海拔在 4 000 m 以上，境内海拔在 7 000 m 以上的高峻逶迤有 50 多座，其中 8 000 m 以上的有 11 座。其地势由西北向东南倾斜，地形地貌复杂多样、景象万千，有高峻逶迤的山脉，陡峭深切的沟峡，以及冰川、裸石、戈壁等多种地貌类型；有分属寒带、暖温带、亚热带、热带的种类繁多的奇花异草和珍稀野生动物，还有垂直分布的"一山有四季""十里不同天"的自然奇观等。根据其地形地貌特点可将其大致可分为喜马拉雅山区、藏南山原湖盆谷地区、藏北高原湖盆区和藏东高山峡谷区。

（一）喜马拉雅高山区：分布在我国与印度、尼泊尔、不丹等国接壤的地区，由几条大致东西走向的山脉组成，平均海拔 6 000m 左右，中尼边境的珠穆朗玛峰海拔 8 848.86 m，是世界最高峰。山区西部海拔高，气候干燥而寒冷；东部气候温和，雨量充沛，森林茂密，植物繁多。喜马拉雅山顶部长年覆盖冰雪，其南北两侧的气候与地貌均有很大差别。

（二）藏南山原湖盆谷地区，位于冈底斯山脉和喜马拉雅山脉之间，即雅鲁藏布江及其支流经的地方。这一带有许多宽窄不一的河谷平地和湖盆谷地。如拉萨河、年楚河、尼洋曲等河谷平地。谷宽一般 5 ~ 8 km，长 70 ~ 100 km。地形平坦，土质肥沃，沟渠纵横，富饶而美丽，为西藏主要农业区。主要的湖盆谷地有札达盆地、马泉河宽谷盆地、喜马拉雅山中段北麓湖盆谷地、羊卓雍错高原湖泊区等。

（三）藏北高原湖盆区：位于昆仑山、唐古拉山和冈底斯山 – 念青唐古拉山之间，包括南、北羌塘山原湖盆地和昆仑山区，长约 2 400 km，宽约 700 km，占自治区总面积的 1/3。由一系列浑圆而平缓的山丘组成，丘顶到平地，相对高差只有 100 ~ 400 m。其间夹着许多盆地，低处常积水成湖，是西藏主要的牧业区。

（四）藏东高山峡谷区：即藏东南横断山地，为一系列由东西走向逐渐转为南北走向的高山深谷，其间夹持着怒江、澜沧江和金沙江，北部海拔 5 200 m 左右，山顶平缓，南部海拔 4 000 m 以下，山势陡峻，山顶与谷底落差可达 2 500 m，山顶终年积雪，山腰森林茂密，山麓为四季常青的田园，景色奇特。

西藏气候总体上西北严寒干燥，东南温暖湿润，并呈现出由东南向西北的气候带更替，即：热带 – 亚热带 – 温暖带 – 温带 – 亚寒带 – 寒带；湿润 – 半湿润 – 半干旱 – 干旱；反映在植物上，依次为森林 – 灌木丛 – 草甸 – 草原 – 荒漠。在藏东南和喜马拉雅山南坡高山峡谷地区，由于地势迭次升高，气温逐渐下降，气候的垂直变化明显，海拔从低到高依次从热带 – 亚热带 – 温带 – 寒温带 – 寒带。

西藏的日照时间长、辐射强。日照时数也是全国的高值中心并呈现出由藏东南向藏西北逐渐增多的特点。太阳辐射的年变程以 12 月最小，5 月或 6 月最大。全区年均日照时数为 1 475.8 ~ 3 554.7 小时，西部地区则多在 3 000 小时以上。西藏平均气温由东向西逐渐递减，全区年温度 –2.8 ℃到 11.9 ℃之间，温差较大。最温暖的东南地区年均温度 10℃左右，雅鲁藏布江河谷地带年均温度在 5 ℃至 9 ℃之间，东部横断山脉地带，月均温度在 10 ℃以上的时间有 4 个月左右，藏北高原大多年均温度在 0 ℃以下，喜马拉雅山脉及其北麓山地年均温度在 3 ℃以下。

西藏年降水量总体偏少且分布不平衡。西藏大部分地区属于半干旱和干旱气候，年降水量 400 mm 以下，年降水量大致自东南向西北逐渐较少。藏东南喜马拉雅山南侧迎风面，年降水量多在 1 000 mm 以上，其中雅鲁藏布下游年降水量最高达 4 495 mm，为我国降水量最多的地区之一。越过喜马拉雅主脊线，进入念青唐古拉山，年降水量减至 600 mm 左右，往西进入雅鲁藏布中游谷地减至 350 ~ 450 mm，喜马拉雅山北麓地区则不足 300 mm，再往西达雅鲁藏布上游谷地只有 200 ~ 300 mm；藏西北班公湖一带降水量不足 30 mm，成为全国最干旱地区之一。年降水量季节分配也不均匀，西藏各地雨季降水量占全年降水量的 80% ~ 90%。西藏西北部和雅鲁藏布中上游地区，6 ~ 9 月集中了全年降水量的 90%，西藏东部昌都市 5 ~ 9 月集中了全年降水量的 80% ~ 90%，唯独藏东南边境地区年降水的季节分配较均匀。年均降水日数也由东南向西北递减，藏东地区年均降水日数在 160 天左右，其中波密可达 190 天以上，那曲以东减至 120 天左右，往西到申扎只有 91 天，到改则和狮泉河则不足 50 天。

二、蝴蝶成虫形态特征

1. 头部 头部是感觉中心。位于体躯的前部，圆形或半圆形，两侧有大型半球状的复眼，由上万个六边形的小眼组成，复眼之间有 1 对触角，分成若干节。触角的下半部细长，接近顶端又变得粗大，很像是打垒球用的棒子，叫棒状触角或锤状触角，以此得名锤角亚目。

2. 胸部 胸部是运动中心。位于体躯的中部，由前胸、中胸及后胸 3 个体节组成，前胸最小，中胸最大，后胸次之。各节腹面着生 1 对足，足的变化不同，往往是分科的依据。在中、后胸各有 1 对翅膀。前翅与后翅大小和形状略有不同。

（1）翅：近似三角形，展开时向前方（或向上方）的边称前缘，向外方（或外墙）的边称外缘，向后方（或下方）的边称为后缘或内缘。翅膀也有三个角：前缘与外缘相交构成的角为顶角，外缘与内缘相交构成的角为臀角，后缘与前缘构成的角为基角或肩角。翅展开时，前矩的两个顶角间的距离称为展；为方便描述，将翅面的线、带、斑及其所在部位进行了区划和命名，如图 1。

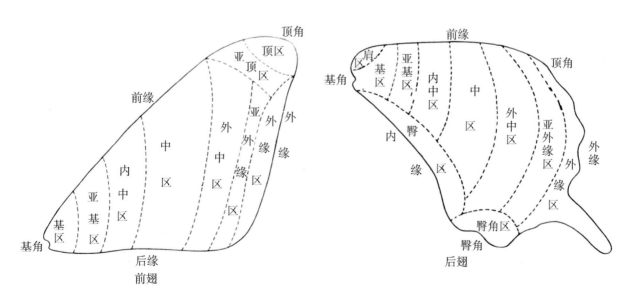

图 1 蝴蝶的翅各区（以凤蝶为例）（周尧绘）

脉序根据康尼命名法（Comstock-Needham 命名法），蝴蝶前翅的第一条纵脉为亚缘脉 (Sc)，从基角发出，不分支；第二条是径脉 (R)，通常有 5 个分支 (R_1，R_2，R_3，R_4，R_5)，第三条纵脉是中脉 (M)，其基部消失而形成中室，留下 3 个分支 (M_1，M_2，M_3) 位于中室外方；第四条是肘脉 (Cu)，从基部的后方伸出，有 2 个分支 (Cu_1，Cu_2)；最后从基角伸出 2 条臀脉 (2A，3A)。后翅的第一条纵脉为 $Sc+R_1$；第二条为径分脉、径总脉；中脉、肘脉的数目和位置与前翅相似，但臀脉仅 1 条（图 2-a）。

（2）翅室：由于翅脉的存在，使翅面被划分为许多小的区域，这就是翅室。翅室也有一定的名称，除中室外，采用康尼命名法时，依其前方一条翅脉的名称命名，但一律用小写字母表示，如 R_1 脉后面的翅室叫 r_1 室，M_2 脉后的翅室为 m_2 室（图 2-b）。

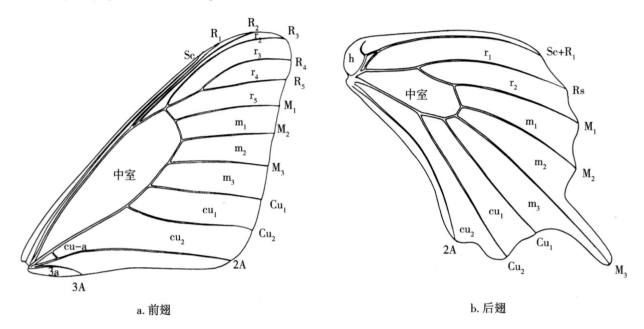

a. 前翅   b. 后翅

图 2 蝴蝶翅脉与翅室（以凤蝶为例）（周尧绘）

3. 腹部 腹部位于体躯的后部，是生殖与代谢中心，由 10 节左右组成，第 1 节退化，第 7、8 节变形，第 9、10 节演化为外生殖器。腹部是代谢中心，内部包含消化系统、呼吸系统、循环系统、排泄系统及生殖系统等重要器官。外生殖器结构是鉴别近缘种的主要依据。

（1）雄性外生殖器 (Male genitalia)：由第 9 腹节形成的骨化环称为背兜 (tegumen)，呈弧形；腹面有囊形突 (saccus)；两侧形成弧状，称基腹弧 (vinculum)，与背兜相连；抱器瓣或抱器 (valva) 形状各异，抱器瓣的腹侧称抱器腹 (sacculus)，背侧称抱器背 (costa)，端部称抱器端 (cucullus)，在抱器瓣上有时还有不同的突

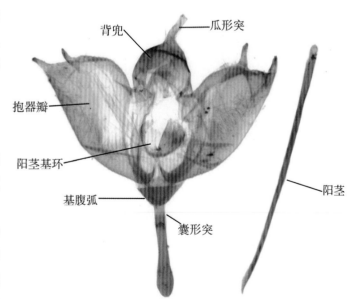

图 3 圆翅钩粉蝶雄性外生殖器结构

起称为内突（inner process），这是分种的主要特征。在背兜中后方有爪形突 (uncus)，有些种类在其上方还有 1 枚小的上钩突 (superuncus)。在其下有背兜侧突（尾突，socii) 和颚形突 (gnathos)。在基腹弧中央有阳茎 (aedeagus)，长短粗细不一，基部通常有指状的基侧突 (basal prong)；阳茎基部有阳茎端基环 (juxta)，起固定和支撑阳茎的作用（图 3）。

（2）雌性外生殖器 (Female genitalia)：肛乳突或称产卵瓣 (papillae anales)，呈长圆形或半圆形；交配孔 (ostium) 裸露或隐藏，周围有前阴片 (lamella antevaginalis) 和后阴片 (lamella postvaginalis)，形状有不同变异，特别是前阴片，常有很多皱褶和鬃毛；囊导管（ductus bursae）长短不一，交配囊（copulatory pouch）膜质，大小不同，一般长圆形，囊上有囊突 (signum)，形状大小不同，是分类的显著特征（图 4）。

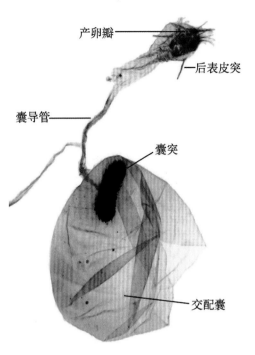

产卵瓣　后表皮突　囊导管　囊突　交配囊

图 4　圆翅钩粉蝶雌性外生殖器结构

三、蝴蝶的生命周期

蝴蝶的寿命，长短不一，长的可达 11 个月，短的只有 2～3 周。一般来说，蝴蝶成虫的寿命约有 2 周。若把整个生活史（卵、幼虫、蛹、成虫）计算在内，寿命有 1 个多月，但冬季出生的蝴蝶寿命较长，热带地区的大多数蝴蝶寿命较短，一般为 10～15 天。雌蝶产完卵或还有少量卵未产就会死亡，雄蝶未经交配可活 20～30 天，完成交配后的雄蝶寿命较短，有的只有 2～3 天。

蝴蝶是全变态昆虫，一生须经过卵、幼虫、蛹和成虫四个阶段。

1. 卵　蝴蝶的卵一般为圆形或椭圆形，表面有蜡质壳，防止水分蒸发（图 5）。蝴蝶一般将卵产于幼虫喜食的植物叶面上，为幼虫准备好食物。

图 5　蝴蝶的卵

2.幼虫　幼虫孵化出后，主要就是进食，要吃掉大量植物的叶子。幼虫的形状多样，有肉虫，也有毛虫。幼虫生长一般要经历几次蜕皮。

图 6 蝴蝶的幼虫

3.蛹　幼虫成熟后要变成蛹，蝴蝶的蛹不吐丝作茧。幼虫一般在植物叶子背面隐蔽的地方用几条丝将自己固定住，然后逐渐变硬，成为一个蛹（图 7）。

图 7 蝴蝶的蛹

4. 成虫 性成熟后，蝴蝶从蛹中破壳钻出，但需要一定时间使翅膀干燥变硬，这时的蝴蝶无法躲避天敌。翅膀舒展开后，蝴蝶就可以飞翔了。蝴蝶飞翔时波动很大，姿势优美。一般蝴蝶成虫交配产卵后就在冬季到来之前死亡，但也有一些种类会迁徙到南方过冬（图8）。

图 8 蝴蝶的成虫

四、蝴蝶的分类

在传统分类学上，蝴蝶隶属于昆虫纲 Insecta、鳞翅目 Lepidoptera、蝶亚目 Rhopalocera。按照目前国际上流行的鳞翅目分类系统，蝶类属于鳞翅目的有喙亚目 Glossata、双孔次亚目 Ditrysia 和凤蝶总科 Papilionoidea。而凤蝶总科 Papilionoidea 又划分为弄蝶科、凤蝶科、粉蝶科、灰蝶科和蛱蝶科 5 科。

1. 凤蝶科 Papilionidae 一般为大型昆虫。以后翅有尾状突为特点而命名，但有许多种类无尾状突。常以黑、黄、白色为基调，饰有红、蓝、绿、黄等色彩的斑纹，一些种类更具有灿烂耀目的蓝、绿、黄等的金属光泽。凤蝶形态优美，许多种类的后翅有修长的尾突。有些种类是害虫，部分种类受到保护。全世界多达 500 余种，而中国有 130 余种。本科分为 3 亚科，凤蝶亚科 Papilioninae、宝凤蝶亚科 Baroniinae、绢蝶亚科 Parnassiinae。其中，宝凤蝶亚科 (1 属 1 种，中美洲) 在我国没有分布。我国通常将绢蝶亚科中的锯凤蝶族提升为锯凤蝶亚科 Zerynthiinae。

（1）凤蝶亚科 Papilioninae：中型或大型种类。触角细长，锤状部明显。下唇须较短。前翅 R 脉 5 支。后翅尾突有或无。

（2）锯凤蝶亚科 Zerynthiinae：中型种类。下唇须相当长。前翅 R 脉 5 支。前、后翅上的斑纹比较规律，大致为横向排列；后翅外缘波具有尾突。

（3）绢蝶亚科 Parnassiinae：通常为中等大小的蝴蝶，前、后翅多为白色或蜡黄色，有红、黑色斑点，翅上鳞片稀少呈半透明。前翅脉 4 支，A 脉 2 支，后翅 A 脉 1 支，无尾突。雌蝶交配后会在腹部末端产生各种形状的臀袋，以避免再次交配，因此臀袋是重要的分类依据。世界已知 50 多种，我国有 35 种以上，是世界上绢蝶种类最多的国家。

2.粉蝶科 Pieridae 体型通常为中型或小型,色彩较素淡,一般为白、黄或橙色,并常有黑色或红色斑纹。后翅无尾突。前足发育正常,2 个爪都分叉。

本科分为 4 亚科:蓝粉蝶亚科 Pseudopontiinae(1 属 1 种,非洲)、袖粉蝶亚科 Dismorphiinae、粉蝶亚科 Pierinae、黄粉蝶亚科 Coliadinae。世界已知约 1 200 种,中国已知 150 余种。

(1)黄粉蝶亚科 Coliadinae:翅大多为黄色。后翅无肩脉或肩脉极度退化。下唇须第 3 节很短,无毛。触角较短。

(2)粉蝶亚科 Pierinae:下唇须第 3 节长而多毛。翅通常白色,脉纹大多为黑色;有些种类前翅顶角有红色或橙色的横带,还有一些种类的后翅腹面为黄色。前翅至少有 1 条 R 脉独立。后翅肩脉通常发达。

(3)袖粉蝶亚科 Dismorphiinae:前翅有 R 脉 5 支,均共柄。后翅 Sc+R1 脉与 Rs 脉不再联合。幼虫主要取食豆科 Fabaceae 植物。

3.蛱蝶科 Nymphalidae 多为中型或大型种类,少数为小型美丽的蝴蝶。色彩鲜艳,花纹相当复杂。少数种类有性二型现象,有的呈季节型。前足相当退化,短小无爪。

本科分为 12 亚科:喙蝶亚科 Libytheinae、斑蝶亚科 Danainae、眼蝶亚科 Satyrinae、绢蛱蝶亚科 Calinaginae、闪蝶亚科 Morphinae、釉蛱蝶亚科 Heliconiinae、蛱蝶亚科 Nymphalinae、螯蛱蝶亚科 Charaxinae、闪蛱蝶亚科 Apaturinae、丝蛱蝶亚科 Cyrestinae、苾蛱蝶亚科 Biblidinae、线蛱蝶亚科 Limenitinae。世界已知 6 100 余种,中国已知 770 多种。

(1)喙蝶亚科 Libytheinae:中型或小型的种类。翅色暗,灰褐色或黑褐色,有白色或红褐色斑。下唇须特别长,其长度与胸部长度相当,显著地伸出头的前方。前翅顶角突出成钩状。世界已知 1 属约 10 种,我国已知 1 属 3 种。

(2)斑蝶亚科 Danainae: 中型或大型美丽的种类,常为其他科蝴蝶模仿的对象。一般为黄、红、黑、灰或白色,有的有闪光。雄蝶前翅 Cu 脉上或后翅臀区有香鳞。后翅无尾突。雄蝶腹部末端有 1 对可外翻的毛鬃样味刷。本科已知 450 多种,我国已记载 30 多种。

(3)眼蝶亚科 Satyrinae:小型或中型种类,颜色暗淡,通常为灰褐、黑褐或黄褐色,少数红色或白色。翅上有较醒目的眼斑或圆形纹,少数没有或不明显。前翅有几条纵脉的基部膨大。雄蝶通常有第二性征。世界已知 2 500 多种,我国有 360 多种。

(4)绢蛱蝶亚科 Calinaginae:成虫似绢蝶或粉蝶;胸部被金黄色、橘红色和红色毛。卵为圆形具网状纹。幼虫头部有明显的角,二分的尾短。仅包括绢蛱蝶 1 属。

(5)闪蝶亚科 Morphinae:中至大型美丽的蝴蝶。包括闪蝶族 Morphini(南美洲)、猫头鹰蝶族 Brassolini(南美洲) 和环蝶族 Amathusiini。闪蝶那迷人的蓝色金属光泽十分醒目诱人。所有种类,不论是蓝色、绿白色还是褐色,其翅的腹面或多或少都有成列的眼斑。猫头鹰蝶族的翅腹面图案形似猫头鹰的脸,故名。前翅中室后角向翅缘尖锐突出。世界已知 230 多种,我国已知 20 多种。

(6)釉蛱蝶亚科 Heliconiinae:包括袖蝶、珍蝶和豹蛱蝶等中型的蝴蝶。卵具网状纹。幼虫体表具刺。世界已知约 400 种,我国有 50 多种。

(7)蛱蝶亚科 Nymphalinae:小至中型的蝴蝶,十分漂亮。卵近筒状,具网纹。幼虫体表具枝刺。世界已知 3 个族 60 属 350 多种,我国已知 70 多种。

（8）螯蛱蝶亚科 Charaxinae：成虫通常十分粗壮，飞行非常迅速，通常吸食腐殖、发酵的汁液。大多数种类具有华丽的色彩，通常具有复杂的斑纹，后翅外缘常有尾突。卵通常球状、光滑。幼虫类型多样，头部通常有修饰并有二分叉的尾。世界已知约 400 种，我国已知 10 多种。

（9）闪蛱蝶亚科 Apaturinae：成虫具有十分细长的阳茎和囊形突，二者几乎与腹部等长。幼虫蛞蝓形，具有二分叉的尾，有时体表具刺；头部有 1 对枝状角。世界已知约 100 种，我国已知约 40 种。

（10）丝蛱蝶亚科 Cyrestinae：中型至小型蝴蝶，包括秀蛱蝶族 pseudergolini 和丝蛱蝶族 Cyrestini，其中丝蛱蝶族的后翅有尾突。幼虫头部有 1 对发达的略呈肉质的角突。世界已知约 50 种，我国已知约 10 种。

（11）蒜蛱蝶亚科 Biblidinae：本亚科的大部分属种都分布于非洲和美洲，东洋区仅有 2 属。前翅 Sc 脉基半部常极度膨大，与眼蝶的翅脉膨大相似。

（12）线蛱蝶亚科 Limenitinae：大型或中型的蝴蝶。包括翠蛱蝶族、环蛱蝶族、线蛱蝶族、丽蛱蝶族、姹蛱蝶族和耙蛱蝶属。后翅无尾突或齿突。幼虫头部不具角或具不呈肉质的角。世界性分布，种类十分丰富。

4. 灰蝶科 Lycaenidae 小型美丽的蝴蝶，极少为中型种类。翅背面常呈红、橙、蓝、绿、紫、翠、古铜等颜色，颜色单纯而有光泽；翅腹面的图案和颜色与背面不同，成为分类上的重要鉴别特征。后翅有时有 1~3 个尾突。识别特征：①触角与复眼外缘相连；②触角上常有白环，复眼四周围绕一圈白色鳞片；③幼虫前胸无翻缩腺。

本科包括 5 亚科：蚬蝶亚科 Riodinidae、圆灰蝶亚科 Poritiinae、云灰蝶亚科 Miletinae、银灰蝶亚科 Curetinae、灰蝶亚科 Lycaeninae。世界已知 6 700 余种，中国已知 600 多种。

（1）蚬蝶亚科 Riodininae：主要特征为雄虫前足构造与喙蝶相似，退化而无功能，雌虫前足则完整分节并功能正常。下唇须细小、直立。前翅 1A+2A 脉基部略分叉。后翅肩脉发达。前、后翅中室封闭。触角末端锤部部分略呈铲状。

（2）圆灰蝶亚科 Poritiinae：前翅有 10~12 条脉。触角末端锤部略呈圆筒状。后翅有 1 条短的肩脉，无尾突及臀叶。雄蝶腹部短于后翅臀缘。雄蝶第二性征存在。

（3）云灰蝶亚科 Miletinae：前翅有 11 条脉。中、后足胫节无端距。后翅无尾突与臀叶。雄蝶腹部长于后翅臀缘。雄虫第二性征局限于前翅及腹部。幼虫非植食性。

（4）银灰蝶亚科 Curetinae：前翅有 11 条脉。翅短宽，复眼被毛。下唇须覆扁平鳞片。雌雄蝶的翅腹面均为银白色。雄蝶前足跗节愈合，末端下弯。雄蝶第二性征主要是位于腹部前侧的一对藏在第三腹节盖状构造下的毛笔器。幼虫腹部有一对筒状突起，内有可伸缩手状器官，但可能与灰蝶亚科的触手状器官不同源。无蜜腺。

（5）灰蝶亚科 Lycaeninae：前翅有 10~12 条脉；后翅常有一或多根丝状尾突（其他亚科无此等尾突），臀叶发达或缺失。幼虫多于第 7 节腹节有能分泌蜜露的蜜腺（但此特征有的种类退化消失）。许多种类幼虫腹部具有一对可伸缩的触手状器官

5. 弄蝶科 Hesperiidae 小型或中型的蝴蝶，颜色大多较暗，少数为黄色或白色。触角基部互相接近，并常有黑色毛块，端部略粗，末端弯而尖。世界已知 4 100 多种，我国已知 370 多种。

本科分为 7 个亚科：竖翅弄蝶亚科 Coeliadinae、缰弄蝶亚科 Euschemoninae、珍弄蝶亚科 Eudaminae、花弄蝶亚科 Pyrginae、链弄蝶亚科 Heteropterinae、梯弄蝶亚科 Trapezitinae 和弄蝶亚科 Hesperiinae。现简要介绍我国有分布的 4 个亚科。

（1）竖翅弄蝶亚科 Coeliadinae：身体大型，休息时翅竖立。下唇须第 2 节直，第 3 节细长，向前伸。后翅臀角处通常向外延伸成瓣状。

（2）花弄蝶亚科 Pyrginae：翅面通常有白色斑纹，休息时多平展翅膀。下唇须第 3 节通常短粗。腹部短于或等于后翅后缘。后翅臀角无明显的瓣突。成虫多有访花习性。

（3）链弄蝶亚科 Heteropterinae：触角的棒部在端突前不收缩。翅通常宽阔；后翅中室长，超过翅长的 1/2。下唇须多毛，长而前伸。腹部长，雄蝶无性标斑痣。

（4）弄蝶亚科 Hesperiinae：成虫休息时翅膀竖立。腹部长，超过后翅后缘。雄蝶前翅背面通常有性标斑痣或烙印疤。后足胫节无毛刷。

第二部分

各 论

一、凤蝶科 Papilionidae

（一）裳凤蝶属 *Troides* Hübner, [1819]

大型凤蝶。头胸黑色，头后及胸侧具红毛，腹背中央具香鳞。前翅窄长，外缘平直或微内凹，前缘长为后缘的 2 倍；后翅外缘波状，后翅短，近方形；中室长约为翅长的一半，无尾突，性二型显著，雄蝶后翅常无斑纹，雌蝶常具黑斑。

主要分布于东洋区，国内已知 3 种。

1. 金裳凤蝶 *Troides aeacus* (C.& R. Felder, 1860)

大型凤蝶。雄蝶前翅黑色，有白色条纹；后翅金黄色，斑纹黑色；后翅无尾突，其外缘较平直；背面沿内缘有褶皱，内有发香软毛（性标），并有长毛。雌雄蝴蝶有区别。前翅都差不多，都有浅色脉纹，主要区别在后翅，雄蝶大面积泛着金黄色，而雌蝶展开翅就能看到翅膀上 5 个标志性的金色 A 字。

1 年发生多代，成虫多见于 5 ~ 10 月，幼虫取食马兜铃科的卵叶马兜铃、管花马兜铃等植物。

验视标本：1♂，墨脱背崩，2018.Ⅶ.10，潘朝晖；1♂，墨脱 108K，2014.Ⅷ.5，潘朝晖。

分布：西藏（墨脱）、甘肃、陕西及长江以南地区；南亚次大陆、中南半岛。

（二）麝凤蝶属 *Byasa* Moore, 1882

中至大型凤蝶。体背黑色，腹面红色，胸侧具红毛。头较小，复眼裸露，触角较短。翅窄长，前翅外缘平直，后翅具尾突，外缘波齿状。雄蝶后翅臀褶内具香鳞。无性二型。

主要分布在东洋区，少数种类分布于古北区，国内已知 14 种。

2. 纨绔麝凤蝶 *Byasa latreillei* (Donovan, 1826)

大型凤蝶。雄蝶翅背面灰黑色，前翅具黑色翅脉、中室纹及脉间纹。后翅中室端部具有 4 ~ 5 枚长形白斑，亚外缘具暗红色斑，外缘后半段脉端红色，尾突端部具红斑，香鳞白色，腹面如同背面但色泽较淡；后翅红斑更艳。雌蝶斑纹同雄蝶，但色泽淡。

1 年 1 代，成虫多见于 4 ~ 6 月，幼虫寄主为马兜铃科昆明马兜铃等植物。

验视标本：1♂，察隅，2018.Ⅵ.11，潘朝晖。

分布：西藏，云南，四川，贵州；阿富汗，印度，不丹，缅甸，老挝，越南等。

3. 达摩麝凤蝶 *Byasa daemonius* (Alphéraky, 1895)

中型凤蝶。雄蝶翅背面褐黑色，前翅具黑色翅脉、中室纹及脉间纹。后翅外缘齿状突出，亚外缘红斑鲜艳清晰，臀角红斑被翅脉分割。雌蝶翅灰褐色，斑纹如雄蝶，后翅红斑淡。

1年2代，成虫多见于4～9月，幼虫寄主为马兜铃科贯叶马兜铃等植物。

验视标本：1♂，墨脱，1996. Ⅵ。

分布：西藏、云南、四川、陕西；印度，不丹，缅甸。

4. 多姿麝凤蝶 *Byasa polyeuctes* (Doubleday, 1842)

大型凤蝶。雄蝶翅背面灰黑色，前翅具黑色翅脉、脉间纹及中室纹。后翅中室外端部具2枚白斑，亚外缘具暗红色斑，尾突具暗红色斑，香鳞灰黑色。腹面斑纹如背面，前翅色泽较淡，后翅红斑更鲜明，臀角红斑不规则。雌蝶前翅较宽圆，斑纹同雄蝶但翅色较淡。

1年2～4代，成虫多见于2～10月，幼虫寄主为马兜铃科植物。

验视标本：1♂，达木乡，2015. Ⅶ. 26，潘朝晖；1♂，墨脱108K，2017. Ⅴ. 1，潘朝晖；1♂，墨脱，2015. Ⅶ. 26，潘朝晖；1♂，墨脱108K，2011. Ⅷ. 22，潘朝晖；1♂，墨脱108K，2014. Ⅷ. 6，潘朝晖；1♂，墨脱80K，2017. Ⅶ. 19，潘朝晖。

分布：西藏（墨脱）、长江以南各省区；南亚次大陆至中南半岛北部。

（三）凤蝶属 *Papilio* Linnaeus, 1758

中大型凤蝶。体色斑纹多变。头大，复眼裸露，触角长。翅形多宽阔，少数窄长；前翅外缘平直或内凹；后翅多具尾突，外缘波齿状。雄蝶后翅无香鳞。部分种类具性二型或雌多型。

分布于古北区和东洋区，国内已知31种。

5. 巴黎翠凤蝶 *Papilio paris* Linnaeus, 1758

大型凤蝶。具尾突，躯体黑褐色，雄蝶翅背面黑色，散布金绿色鳞片，前翅外中区具不发达金绿色带；雄蝶前翅背面后侧有褐色绒毛状性标；后翅外中区具金属蓝绿色大斑，其后端与臀角间连有金绿色线，臀角具饰有金蓝色鳞的暗红色环纹。腹面褐色，基部散布黄色鳞片，前翅端半部具灰色脉间纹，后翅亚外缘具紫红色新月斑。雌蝶翅底色浅，背面金绿色鳞片稀疏，后翅金属斑稍退化。

1年多代，成虫多见于2～10月，幼虫寄主为芸香科三桠苦、飞龙掌血、两面针等植物。

验视标本：1♂，墨脱，2018. Ⅶ. 13，潘朝晖；2♂♂，墨脱，2018. Ⅶ. 28，潘朝晖；1♂，墨脱背崩，2017. Ⅴ. 12，潘朝晖。

分布：西南、华南、华中、华东地区及台湾；南亚次大陆至马来群岛广大区域。

6. 克里翠凤蝶 *Papilio krishna* Moore, 1857

大型凤蝶。具尾突，雄蝶翅背面黑色，散布金属蓝绿色鳞片，前翅具不清晰的黑色脉、脉间纹和中室纹并散布金绿色鳞片，外中区具清晰的黄色带。后翅外中区有锯齿状金属蓝斑，并向臀缘发出金绿色带，亚外缘具紫红色斑，臀角斑环形。腹面翅基半部灰黑色散布草黄色和金绿色鳞片、前翅端半部灰色，具黑色翅脉、脉间纹和中室纹，外中带灰白色，外缘灰黑色；后翅外中带草黄色，亚外缘具紫红色椭圆斑。雌蝶翅底色较浅，背面金绿色鳞片稀疏，后翅金属斑暗淡。雌蝶略大于雄蝶，性别特征无明显区别。

1年1代，成虫多见于5～6月，幼虫寄主为芸香科无腺吴萸。

验视标本：1♂，排龙，2019. Ⅴ. 19，潘朝晖。

分布：西藏（墨脱、排龙）、云南、四川；印度，缅甸，不丹，尼泊尔，越南等。

7. 碧凤蝶 *Papilio bianor* Cramer, 1777

大型凤蝶，具尾突。雄蝶翅背面黑褐色，密布金绿色鳞片，前翅翅脉、脉间纹和中室纹模糊，外中区金绿色带变异大，后半段具黑色香鳞；后翅顶区附近金蓝绿鳞集中，或形成边界不清的斑，亚外缘具紫红色斑，臀角斑 C 形。腹面翅基半部黑褐色散布草黄色鳞，前翅端半部灰色，具黑色翅脉、脉间纹和中室纹；后翅亚外缘具紫红色飞鸟形斑。雌蝶翅底色较浅，背面金绿色鳞稀疏，后翅背面红斑发达清晰。

1 年多代，成虫多见于 2 ~ 11 月，幼虫寄主为芸香科两面针、花椒、竹叶椒、飞龙掌血、臭檀吴茱萸等植物。

验视标本：1♂，墨脱 108K，2014.Ⅷ.6，潘朝晖；1♂，墨脱，2018.Ⅶ.28，周润发；1♂，墨脱背崩，2017.Ⅴ.12，潘朝晖。

分布：西南、华南、华中、华东、华北各省区，山东日照是本种分布的北界；南亚次大陆北部和中南半岛。

8. 红基美凤蝶 *Papilio alcmenor* C.& R. Felder, [1865]

大型凤蝶。性二型。体及翅黑色，覆有蓝色鳞片。雄蝶前翅中室基部有 1 条红色纵斑，但有时不明显。后翅狭长，外缘波状无尾突，臀角有 1 个环形小红斑。雌蝶前翅中室基部 1 红色条斑宽大明显；后翅外缘齿状，具有宽短的尾突，除中室端及其外侧有白斑外，在外缘和亚外缘有点状和弧形红斑列。翅反面雄蝶前翅中室基部红斑大而明显，后翅的基部、后缘及外缘均有红斑、带及环形斑纹，内缘和臀角附近的红斑中嵌有 4 个黑斑。

1 年 2 代，成虫多见于 5 ~ 10 月，幼虫寄主为芸香科飞龙掌血等植物。

验视标本：1♂，墨脱 108K，2014.Ⅷ.6，潘朝晖；1♂，墨脱 108K，2011.Ⅷ.19，潘朝晖；1♂，墨脱 108K，2011.Ⅷ.21，潘朝晖；1♂，墨脱 108K，2011.Ⅷ.22，潘朝晖；1♂，墨脱，2018.Ⅶ.28，周润发；1♂，墨脱 96K，2017.Ⅴ.16，潘朝晖；1♂，墨脱，2018.Ⅶ.28，潘朝晖。

分布：西藏、云南、四川、陕西、海南；印度，缅甸，老挝，越南和泰国。

9. 蓝凤蝶 *Papilio protenor* Cramer, 1775

大型凤蝶。无尾突。雄蝶翅背面灰黑色有弱深蓝光泽，具清晰的黑色翅脉、脉间纹和中室纹；后翅具暗蓝色天鹅绒光泽，前缘中部具长椭圆形淡黄色香鳞斑，下端半部散布灰蓝色鳞，臀角具镶黑点的绛红色斑。腹面灰黑色，前翅斑纹如背面；后翅顶区、外缘中部和臀角具多枚红斑。雌蝶翅灰褐色无光泽，斑纹如雄蝶，后翅背面无香鳞。

1 年多代，成虫多见于 4 ~ 10 月，幼虫寄主为芸香科飞龙掌血、花椒属等植物。

验视标本：1♂，墨脱 108K，2014.Ⅷ.1，潘朝晖。

分布：西藏、秦岭以南各省区；南亚次大陆北部，中南半岛北部，朝鲜半岛，日本群岛等地。

10. 宽带凤蝶 *Papilio nephelus* Boisduval, 1836

大型凤蝶。具尾突。雄蝶翅背面黑色，前翅具土黄色中室纹和脉间纹；后翅亚顶区具 4 块小斑构成的牙白色大斑。腹面黑褐色斑纹大体如背面，前翅中室纹和脉间纹更清晰，中室外上方及臀角附近具小白斑；后翅中室具3条灰白线纹，白斑较窄小，亚外缘具土黄色斑列。雌蝶翅色暗淡，后翅白斑宽阔，在背面可进入中室，腹面常向臀角延伸为带状。

1年2代，成虫多见于4～10月，幼虫寄主为芸香科飞龙掌血、楝叶吴茱萸等植物。

验视标本：2♂♂，墨脱，2018.Ⅶ.28，潘朝晖；1♂，墨脱，2018.Ⅶ.30，潘朝晖。

分布：西藏、云南、四川、贵州、重庆及台湾、华中、华东、华南；南亚次大陆至马来群岛广大区域。

11. 玉斑凤蝶 *Papilio helenus* Linnaeus, 1758

中大型凤蝶。具尾突，雄蝶翅背面黑色，前翅具暗土色中室纹和脉间纹；后翅亚顶区具3块小斑构成的牙白色大斑，形似和尚打坐的侧影，亚外缘后半段具暗红色新月纹。腹面灰黑色，前翅中室纹及脉间纹灰白色；后翅肩区及前缘基半部散布灰白色鳞，中室具3条灰白色线，亚顶区白斑似背面但窄小，亚外缘具绛红色新月纹，臀角具绛红色环纹。雌蝶黑褐色，后翅白斑更黄，亚外缘红斑发达清晰。

1年2代至多代，热带成虫多见于2～11月，亚热带成虫多见于5～9月，幼虫寄主为芸香科柑橘属、花椒属、飞龙掌血等多种植物。

验视标本：1♂，墨脱108K，2016.Ⅷ.1，潘朝晖。

分布：西藏及南方各省区；南亚次大陆，中南半岛，马来半岛，马来群岛以及日本群岛南部。

12. 玉带凤蝶 *Papilio polytes* Linnaeus, 1758

中大型凤蝶。具尾突，雄蝶翅背面黑色，前翅具暗土色中室纹和脉间纹；后翅亚顶区具3块小斑构成的牙白色大斑，亚外缘后半段具暗红色新月纹。腹面灰黑色，前翅中室纹及脉间纹灰白色；后翅肩区及前缘基半部散布灰白色鳞，中室具3条灰白色线，亚顶区白斑似背面但窄小，亚外缘具绛红色新月纹，臀角具绛红色环纹。雌蝶黑褐色，后翅白斑更黄，亚外缘红斑发达清晰。

1年2代至多代，热带成虫多见于2～11月，亚热带成虫多见于5～9月，幼虫寄主为芸香科柑橘属、花椒属、飞龙掌血等多种植物。

验视标本：1♂，墨脱108K，2011.Ⅷ.21，潘朝晖。

分布：西藏及南方各省区；南亚次大陆，中南半岛，马来半岛，马来群岛，日本群岛南部。

13. 织女凤蝶 *Papilio janaka* Moore, 1857

大型凤蝶。外观与牛郎凤蝶相似，但可从以下特征区分：①整体翅色黑，具暗光泽，前翅无明显的灰纹；②后翅白斑稳定4枚，尾突端部具红白色大斑；③后翅腹面臀缘红色条纹连续，由臀角直达肩角。

1年1代，成虫多见于5～8月，幼虫寄主为芸香科五叶山小橘。

验视标本：1♀，墨脱，2018.Ⅶ.28，周润发；1♀，墨脱108K，2017.Ⅵ.13，潘朝晖；1♂，墨脱108K，2011.Ⅷ.21，潘朝晖；1♂，墨脱，2016.Ⅷ.3，潘朝晖。

分布：西藏、云南；印度，尼泊尔，不丹和缅甸。

14. 褐斑凤蝶 *Papilio agestor* Gray, 1831

中型凤蝶。无尾突，模拟绢斑蝶。雄蝶前翅背面黑色，各室具青灰色斑，亚外缘斑呈双列；后翅背面黑色至栗色，中室及其相邻部分具青灰色斑，中室有 3 条黑色至栗色线，亚外缘具白斑。腹面前翅斑纹同背面，但顶区呈栗色：后规色泽斑纹与背面极似。雌蝶斑纹同雄蝶，但色泽较淡。

1 年 1 代，成虫多见于 4～5 月，幼虫寄主为樟科馨香润楠、红楠、香樟等植物。

验视标本：1♂，墨脱背崩，2017.V.12，潘朝晖。

分布：西藏、云南、四川、贵州、重庆及华南、华中；南亚次大陆至马来半岛。

15. 小黑斑凤蝶 *Papilio epycides* Hewitson, 1864

中小型凤蝶。无尾突。雄蝶翅背面污白色具黑脉，前翅前缘与顶区黑色，中室有 4 条黑线，亚外缘具 2 条黑带，外缘具污白色斑列；后翅中室具 3 条黑线，外中区至亚外缘具 2 列污白色斑，臀角具黄斑。腹面底色褐色，斑纹同背面，白色斑更发达。雌蝶色泽斑纹同雄蝶。

1 年 1 代，成虫多见于 4～5 月，幼虫寄主为樟科香樟、沉水樟、山苍子、大叶钓樟等植物。

验视标本：1♂，墨脱，2017.V.9，潘朝晖；1♂，墨脱 96K，2017.V.16，周润发。

分布：西藏、云南、四川、贵州、重庆及华南至华东地区；印度、缅甸、老挝、越南。

16. 柑橘凤蝶 *Papilio xuthus* Linnaeus, 1767

中型凤蝶。后翅具尾突。雄蝶翅背面淡黄具黑脉，前翅中室具 4 条续断黄线，端部黑色形成大眼斑，亚外缘具淡黄新月斑列；后翅前缘中部具小团黑鳞，外缘宽黑带具蓝色鳞形成的斑，亚外缘具淡黄新月斑列，臀角具黑色橙斑。腹面大体似背面，前翅亚外缘具淡黄色带；外中区贯穿黑色宽横带，镶有蓝色鳞形成的斑，外侧染橙色，外缘黑色。雌蝶斑纹同雄蝶，淡色泽略偏黄。

1 年多代，成虫多见于 2～10 月，幼虫寄主为芸香科柑橘属、花椒属、吴茱萸属等多种植物。

验视标本：1♂，察隅龙古村，2013.VI.23，潘朝晖；1♂1♀，察隅，2020.VIII.10，陈恩勇。

分布：全国各省区；俄罗斯，日本群岛，朝鲜半岛，中南半岛北部，菲律宾吕宋岛等。

17. 金凤蝶 *Papilio machaon* Linnaeus, 1758

中型凤蝶。具尾突。雄蝶背翅面金黄色具黑脉，前翅基 1/3 黑色并散布黄鳞，室端及外侧具黑带，顶区具黑点，其上密布黄鳞，外中区至外缘具宽黑边，其内侧镶暗黄色带，中部具金黄色斑列；后翅基黑色，外中区至外缘具宽黑带，其内半部具灰蓝色斑，外半部具黄斑，臀角具椭圆形红斑。腹面大体如背面，前翅亚外缘双黑带间散布黑鳞，后翅外中区具黑色双带，双带间有灰蓝色斑，其后段染橙色。雌蝶色泽斑纹同雄蝶但翅形较阔。

1 年 1～2 代，成虫多见于 4～9 月，幼虫寄主为伞形科胡萝卜、茴香、柴胡等植物。

验视标本：1♂，米林里龙沟，2019.VI.10，杨棋程。

分布：中国全境；欧亚大陆和中南半岛北部。

①♂
金裳凤蝶
墨脱 2014-08-05

❶♂
金裳凤蝶
墨脱 2014-08-05

②♂
金裳凤蝶
背崩 2018-06-10

❷♂
金裳凤蝶
背崩 2018-06-10

③♂
纨绔麝凤蝶
察隅 2018-06-11

❸♂
纨绔麝凤蝶
察隅 2018-06-11

④♂
达摩麝凤蝶
墨脱 1996-06-??

❹♂
达摩麝凤蝶
墨脱 1996-06-??

⑤♂
多姿麝凤蝶
达木乡 2015-07-26

❺♂
多姿麝凤蝶
达木乡 2015-07-26

⑥♂
多姿麝凤蝶
墨脱 2017-07-19

❻♂
多姿麝凤蝶
墨脱 2017-07-19

⑦♂
多姿麝凤蝶
墨脱 2011-08-22

❼♂
多姿麝凤蝶
墨脱 2011-08-22

⑧♂
多姿麝凤蝶
墨脱 2014-08-06

❽♂
多姿麝凤蝶
墨脱 2014-08-06

⑨♂
多姿麝凤蝶
墨脱 2015-07-01

❾♂
多姿麝凤蝶
墨脱 2015-07-01

⑩♂
多姿麝凤蝶
墨脱 2017-05-01

⑩♂
多姿麝凤蝶
墨脱 2017-05-01

⑪♂
巴黎翠凤蝶
墨脱 2018-07-13

❶❶♂
巴黎翠凤蝶
墨脱 2018-07-13

⑫♂
巴黎翠凤蝶
墨脱 2018-07-28

⓬♂
巴黎翠凤蝶
墨脱 2018-07-28

⑬♂
巴黎翠凤蝶
墨脱 2018-07-28

❸♂
巴黎翠凤蝶
墨脱 2018-07-28

⑭♂
巴黎翠凤蝶
墨脱背崩 2017-05-12

❹♂
巴黎翠凤蝶
墨脱背崩 2017-05-12

⑮♂
克里翠凤蝶
排龙 2019-05-19

❶♂
克里翠凤蝶
排龙 2019-05-19

⑯♂
碧凤蝶
墨脱 2014-08-06

❶♂
碧凤蝶
墨脱 2014-08-06

⑰♂
碧凤蝶
墨脱 2018-07-28

❶⑰♂
碧凤蝶
墨脱 2018-07-28

⑱♂
碧凤蝶
墨脱背崩 2017-05-12

❶⑱♂
碧凤蝶
墨脱背崩 2017-05-12

⑲♂
红基美凤蝶
墨脱 2018-07-28

❶⑲♂
红基美凤蝶
墨脱 2018-07-28

⑳♂
红基美凤蝶
墨脱 2017-05-16

❷⑳♂
红基美凤蝶
墨脱 2017-05-16

㉑♂
红基美凤蝶
墨脱 2011-08-19

❷①♂
红基美凤蝶
墨脱 2011-08-19

㉒♂
红基美凤蝶
墨脱 2011-08-21

❷②♂
红基美凤蝶
墨脱 2011-08-21

㉓♂
红基美凤蝶
墨脱 2011-08-22

❷❸♂
红基美凤蝶
墨脱 2011-08-22

㉔♂
红基美凤蝶
墨脱 2018-07-28

❷❹♂
红基美凤蝶
墨脱 2018-07-28

㉕♂
红基美凤蝶
墨脱 2014-08-06

㉕♂
红基美凤蝶
墨脱 2014-08-06

㉖♂
蓝凤蝶
墨脱 2014-08-01

㉖♂
蓝凤蝶
墨脱 2014-08-01

㉗ ♂
宽带凤蝶
墨脱 2018-07-28

㉗ ♂
宽带凤蝶
墨脱 2018-07-28

㉘ ♂
宽带凤蝶
墨脱 2018-07-28

㉘ ♂
宽带凤蝶
墨脱 2018-07-28

㉙ ♂
宽带凤蝶
墨脱 2018-07-30

❷❾ ♂
宽带凤蝶
墨脱 2018-07-30

㉚ ♂
玉斑凤蝶
墨脱 2016-08-01

❸⓪ ♂
玉斑凤蝶
墨脱 2016-08-01

③1 ♂
玉带凤蝶
墨脱 2011-08-21

③1 ♂
玉带凤蝶
墨脱 2011-08-21

③2 ♀
织女凤蝶
墨脱 2018-07-28

③2 ♀
织女凤蝶
墨脱 2018-07-28

㉝ ♀
织女凤蝶
墨脱 2017-06-13

❸ ♀
织女凤蝶
墨脱 2017-06-13

㉞ ♂
织女凤蝶
墨脱 2011-08-21

❸ ♂
织女凤蝶
墨脱 2011-08-21

㉟ ♂
织女凤蝶
墨脱　2016-08-03

㉟ ♂
织女凤蝶
墨脱　2016-08-03

㊱ ♂
褐斑凤蝶
墨脱背崩 2017-05-12

㊱ ♂
褐斑凤蝶
墨脱背崩 2017-05-12

㊲ ♂
小黑斑凤蝶
墨脱 2017-05-09

㊲ ♂
小黑斑凤蝶
墨脱 2017-05-09

㊳ ♂
小黑斑凤蝶
墨脱 2017-05-16

㊳ ♂
小黑斑凤蝶
墨脱 2017-05-16

㊴ ♂
柑橘凤蝶
察隅龙古村 2013-06-23

㊶ ♂
柑橘凤蝶
察隅龙古村 2013-06-23

㊵ ♀
柑橘凤蝶
察隅 2020-08-10

㊶ ♀
柑橘凤蝶
察隅 2020-08-10

㊶ ♂
柑橘凤蝶
察隅 2020-08-10

㊶ ♂
柑橘凤蝶
察隅 2020-08-10

㊷ ♂
金凤蝶
米林里龙沟 2019-06-10

㊷ ♂
金凤蝶
米林里龙沟 2019-06-10

（四）青凤蝶属 *Graphium* Scopoli, 1777

中型凤蝶。体背黑色被密毛，腹面白色或污黄色，腹侧具黑色纵纹。头大，复眼裸露，触角端部膨大。翅形窄，前翅顶角明显；后翅外缘齿状，尾突有或无。雄蝶后翅臀褶内具发达的长毛状和绒毛状香鳞。无性二型。

分布于东洋区，国内已知 8 种。

18. 青凤蝶 *Graphium sarpedon* (Linnaeus, 1758)

中型凤蝶。无尾突。雄蝶翅背面黑褐色，中区贯穿 1 列青色方形斑，后翅前缘斑呈白色，亚外缘具蓝绿色新月斑，中区有一条青带。腹面褐色，斑纹大体似正面，后翅肩角处具 1 段红色短线，中室端部至臀区具红斑列。雌蝶斑纹同雄蝶，但色泽较浅。

1 年 2 代，成虫多见于 5 ~ 10 月，寄主植物为樟科香樟、润楠等植物。

验视标本：1♂，墨脱 108K，2017. V.11，潘朝晖。

分布：西藏、秦岭以南各省区；日本，巴布亚新几内亚，澳大利亚，南亚次大陆，马来群岛。

19. 宽带青凤蝶 *Graphium cloanthus* (Westwood, 1845)

中型凤蝶。具长尾突。雄蝶翅背面黑色，中区具被黑色分割的青色矩形透明斑。后翅亚外缘具青绿色斑列，香鳞灰白色。腹面褐色，前翅亚外缘具模糊的灰褐色带，后翅肩角具不规则暗红色斑，中室端缘附近具暗红色斑列。雌蝶斑纹和雄蝶相同，但色泽较浅。

1 年多代，成虫多见于 2 ~ 10 月，幼虫寄主为樟科香樟等植物。

验视标本：1♂，墨脱背崩，2017. V. 5，潘朝晖。

分布：西藏、秦岭以南各省区；印度，不丹，缅甸，老挝，越南，泰国等地。

20. 碎斑青凤蝶 *Graphium chironides* (Honrath, 1884)

中型凤蝶。无尾突，翅背面黑褐色，各室具相对短粗的蓝绿色斑，前翅外缘具蓝绿色点列；后翅前缘斑黄白色。腹面褐色，斑纹如背面。雌蝶斑纹同雄蝶，色浅更浅。

1 年多代，成虫多见于 2 ~ 10 月，幼虫寄主为木兰科的白兰、黄兰、深山含笑等植物。

验视标本：1♂，墨脱，2018. Ⅶ.28，潘朝晖。

分布：西藏、长江以南各省区；南亚次大陆至马来半岛广大区域。

①♂
青凤蝶
墨脱 2017-05-11

❶♂
青凤蝶
墨脱 2017-05-11

②♂
宽带青凤蝶
墨脱背崩 2017-05-05

❷♂
宽带青凤蝶
墨脱背崩 2017-05-05

③♂
碎斑青凤蝶
墨脱 2018-07-28

❸♂
碎斑青凤蝶
墨脱 2018-07-28

（五）绿凤蝶属 *Pathysa* Reakirt, [1865]

中型凤蝶。体背黑色被密毛，腹面白色，腹侧具黑纹。头大，复眼裸露，触角端部膨大。翅形短阔，前翅顶角明显，外缘平直或内凹，翅面布有 4 ~ 6 条黑带；后翅外缘齿状，具 1 条剑状尾突。雄蝶后翅臀内生土黄色香鳞。无性二型。

分布于东洋区，国内已知 4 种。

21. 斜纹绿凤蝶 *Pathysa agetes* (Westwood, 1843)

中型凤蝶。雄蝶翅绿白色，前翅端半部渐透明，并列 4 条长短不一的黑色窄带，外中区自前缘至臀角贯穿 1 条黑带，外缘黑色；后翅背面可透见腹面斑纹，外缘灰黑色，尾突附近具 2 枚白斑，臀角具红斑，尾突黑色，端部白色。腹面前翅基部绿色更重，黑纹如背面；后翅内中区具黑带，中区缀有红斑的黑带，其余斑纹同背面。雌蝶翅基部淡黑褐色，黑色斑及后缘末端的条纹扩大，后翅外缘有黑色斑列或横带，其余同雄蝶，但色泽较淡。

1 年 1 代，成虫多见于 4 ~ 5 月，幼虫寄主为番荔枝科瓜馥木等植物。

验视标本：1♂，墨脱背崩，2017. V. 5，潘朝晖。

分布：西藏、湖北（鹤峰、宣恩）、四川（峨眉山、汶川、峨边）、云南（云龙）、贵州、广东、广西、海南、甘肃（康县）；南亚次大陆至马来群岛广大区域。

22. 绿凤蝶 *Pathysa antiphates* (Cramer, 1775) *

中大型凤蝶。体黑褐色，具黄白色毛；翅淡黄白色。雄蝶前翅有 7 条黑褐色横带（中室及其端部共有 5 条，故又称五纹绿凤蝶）：基部 1 条和外缘 1 条通到后缘，亚基区 1 条终止于 cu_2 室，中前区、中区及中后区 3 条终止于中室后缘，亚外缘区 1 条终止于 m_3 室。但从基部数第 4 条黑带变化很大，端部常变得很窄或只达中室的中部；后翅基半部草绿色，端半部淡橙色，自臀缘至中区并列 3 条黑带，其下端灰黑色，外侧具黑点列，外缘各具大小不一的黑斑。雌蝶斑纹同雄蝶但色泽较淡。

1 年 2 代，成虫多见于 5 ~ 10 月，幼虫寄主为番荔枝科假鹰爪等植物。

验视标本：1♂，墨脱背崩，2019. V. 15，潘朝晖。

分布：西藏、长江以南各省区；印度，缅甸，老挝，越南，泰国，马来西亚等。

①♂
斜纹绿凤蝶
墨脱背崩　2017-05-05

❶♂
斜纹绿凤蝶
墨脱背崩　2017-05-05

②♂
绿凤蝶
背崩　2019-05-15

❷♂
绿凤蝶
背崩　2019-05-15

（六）剑凤蝶属 *Pazala* Moore, 1888

中型凤蝶。体背黑色被密毛，腹面白色，腹侧具黑色纵纹。头大，复眼裸露，触角端部膨大。翅形短阔，前翅顶角明显，外缘平直或内凹，翅面布有 10 条长短不一的黑带；后翅外缘齿状，具 1 条飘带状尾突，黑色中带形态因种而异，臀角黑色，内侧有黄斑。雄蝶后翅臀褶窄，内生褐色香鳞。无性二型。

分布于东洋区和古北区交界处，国内已知 7 种。

23. 升天剑凤蝶 *Pazala euroa* (Leech, [1893])

中型凤蝶。两翅半透明，边缘黑色，前翅有九条长短不一黑横纹；后翅也有六条，第 3 与第 4 黑横纹之间有数个淡黄斑，尾突长剑状。腹面斑纹如背面，后翅 2 条中带间夹有黄色。雌蝶翅形较阔，斑纹同雄蝶。

1 年 1 代，成虫多见于 4 ~ 5 月，幼虫寄主为樟科木姜子属或新木姜子属植物。

验视标本：1♂，墨脱背崩，2017.V.11，潘朝晖。

分布：西藏、四川、云南、浙江、江西、广东、广西、福建、台湾；印度北部，尼泊尔，缅甸，泰国，老挝，越南。

24. 华夏剑凤蝶 *Pazala mandarinus* (Oberthür, 1879)

中型凤蝶。体背黑色被密毛，腹面白色，腹侧具黑色纵纹。头大，复眼裸露，触角端部膨大。翅形短阔，前翅顶角明显，外缘平直或内凹，翅面布有 10 条长短不一的黑带；后翅外缘齿状，具 1 条飘带状尾突，黑色中带形态因种而异，臀角黑色，内侧有黄斑。雄蝶后翅臀褶窄，内生褐色香鳞。无性二型。

成虫栖息于林地边缘，飞行迅速、行为机敏。雄蝶具吸水习性，雌蝶访花。幼虫取食樟科植物。

验视标本：1♂，波密易贡，2017.V.7，潘朝晖。

分布：西藏、云南、四川。

（七）旖凤蝶属 *Iphiclides* Hübner, [1819]

中型凤蝶。体背黑色，腹面白色。头大，复眼裸露，触角端部膨大。翅形短阔；前翅外缘平直，后翅外缘齿状，具 1 条飘带状尾突，无香鳞。无性二型。

分布于古北区，国内已知 2 种。

25. 西藏旖凤蝶 *Iphiclides podalirinus* (Oberthür, [1890])

中型凤蝶。雄蝶翅背面污白色散布黑色鳞，前翅自前缘发出 7 条长短、粗细不一的黑色横带，占据翅面大部分面积，外缘黑色；后翅臀缘黑色，中区 2 条黑带夹有红心，外中区具弥散的黑色带，外缘宽阔的黑边外镶有污白色和蓝灰色缘斑，臀角具红色新月纹，下有镶灰蓝色点的黑斑，尾突黑色，末端白色。腹面斑纹如背面，前翅亚外缘及外缘灰黄色，后翅黑斑窄，臀角红斑淡。雌蝶斑纹同雄蝶，但翅色略暗黄。

1 年 1 代，成虫多见于 6 月，幼虫寄主为蔷薇科花楸属植物。

验视标本：1♂，察隅，2014.IV.30，周尧至。

分布：西藏。

①♂
升天剑凤蝶
墨脱背崩 2017-05-11

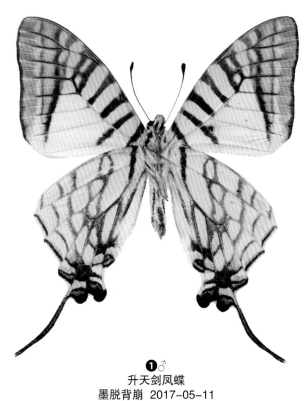

❶♂
升天剑凤蝶
墨脱背崩 2017-05-11

②♂
华夏剑凤蝶
波密易贡 2017-05-07

❷♂
华夏剑凤蝶
波密易贡 2017-05-07

③♂
西藏旖凤蝶
察隅 2014-04-30

❸♂
西藏旖凤蝶
察隅 2014-04-30

（八）钩凤蝶属 *Meandrusa* Moore, 1888

大型凤蝶。体黄褐色至褐色。头大，复眼裸露，触角端部膨大。前翅顶角突出或呈钩状，外缘平直；后翅外缘齿状，具 1 条指状尾突。雄蝶无香鳞。具性二型。

分布于东洋区，国内已知 3 种。

26. 褐钩凤蝶 *Meandrusa sciron* (Leech, 1890)

大型凤蝶。雄蝶前后翅深褐色，基部 1/3 及亚缘区黑褐色，亚外缘各有 1 列黄褐色小斑（在前翅近圆形，在后翅近新月形）。前翅中室端部有 1 个三角形黑斑；后翅臀角有蓝色斑，尾突常向外弯曲成钩状。翅的反面灰白色，基部黑色部分强，前后翅臀角附近有黑斑；后翅有波状亚缘纹；中室有 1 个黑色眼状斑。雌蝶前翅顶角尖，钩状突出，中部的横带偏白，直而窄，且在前翅近前缘处有明显的黄色斑；后翅尾突向外弯曲。翅色金黄、外缘及亚缘区黑褐色，前翅中室内有 3 个黑点、后翅外缘有赭黄色新月斑。

1 年 2 代，成虫多见于 4～10 月，幼虫寄主为樟科樟属植物。

验视标本：1♀，通麦，2019.Ⅷ.9，张彦周；1♀，波密易贡，2016.Ⅵ.27，潘朝晖。

分布：西藏、云南、广西、广东；印度，尼泊尔，不丹，缅甸，老挝，越南等。

27. 西藏钩凤蝶 *Meandrusa lachinus* (Fruhstorfer, [1902])

大型凤蝶。外观与褐钩凤蝶相近，但易从以下特征区分：①体形平均更大，尾突长且末端扩大略呈足状；②雄蝶多整体褐色，翅面稀黄褐色斑，或近外缘残余少许；③雌蝶前后翅中区贯穿白色宽横带。

1 年 2 代，成虫多见于 4～10 月，幼虫寄主为樟科樟属植物。

验视标本：1♂，排龙，2020.Ⅶ.26，陈恩勇。

分布：西藏、云南、广西、广东；印度，尼泊尔，不丹，缅甸，老挝，越南。

28. 钩凤蝶 *Meandrusa payeni*（Boisduval, 1836）

中大型凤蝶。翅狭窄，前翅顶角尖钩状。雄蝶翅背面赭黄色，前翅基部、前缘及外缘棕色，室端具不规则褐斑，外中区 2 列褐色箭形斑；后翅基色略深，外缘及尾突棕色，室端具褐斑，外中区褐色宽波带饰赭黄色箭形斑，臀角有褐斑。腹面赭黄色，前翅外缘棕色，翅基、中室、室端及亚顶区具不规则棕色斑，亚外缘具棕色波纹，后翅内中区具 4 枚不规则棕色斑，室端有棕色椭圆斑，外中区具 2 条棕色波带。雌蝶翅形较宽圆，斑纹如雄蝶，颜色较浅。

1 年 2 代，成虫多见于 4～10 月，幼虫寄主为樟科樟属植物。

验视标本：1♂，墨脱背崩，2017.Ⅴ.14，潘朝晖。

分布：西藏、海南、云南；南亚次大陆至马来群岛广大区域。

①♀
褐钩凤蝶
通麦 2019-08-09

❶♀
褐钩凤蝶
通麦 2019-08-09

②♀
褐钩凤蝶
波密易贡 2016-06-27

❷♀
褐钩凤蝶
波密易贡 2016-06-27

③♂
西藏钩凤蝶
排龙　2020-07-26

❸♂
西藏钩凤蝶
排龙　2020-07-26

④♂
钩凤蝶
墨脱背崩　2017-05-14

❹♂
钩凤蝶
墨脱背崩 2017-05-14

（九）绢蝶属 *Parnassius* Latreille, 1804

中型至大型绢蝶。躯体黑色覆盖密毛，触角短，下唇须短。翅近圆形，后翅无尾突，翅背面白色或灰白色，多数翅面缀黑色、红色、橘红色或蓝色斑点，斑纹多呈环状、点状、带状。前后翅鳞片稀少，接近半透明，犹如绢纱和蝉翼。腹面与背面的斑纹和色泽相似。雌蝶腹部末端在交配后产生各种形状的角质臀袋，以避免再次交配。

分布于古北区，国内记载 42 种。

29. 君主绢蝶 *Parnassius imperator* Oberthür, 1883

中大型绢蝶，翅背面白色或淡黄色，翅脉黄褐色，前翅外缘带黑褐色半透明，亚外缘呈锯齿状黑色带，中室有 2 个长刀形大黑斑，中室外和后缘中部有 3 个黑斑；后翅亚外缘有黑色带，中部有 2 个黑边白心的大红或橙红斑，臀角有 2 个外围带黑环的大蓝斑，翅基及内缘区黑色，基部有时显现 1 个红色斑，外有 1 条黑色横条纹。腹面斑纹与背面类似，但后翅基部有 3 个红斑。

1 年 1 代，成虫多见于 7 ~ 8 月，幼虫以紫堇科植物为寄主。

验视标本：1♂，米拉山，2013.Ⅶ.19，罗大庆；1♀，德姆拉山，1993.Ⅷ，张涪平。

分布：西藏、甘肃、青海、四川、云南。

30. 依帕绢蝶 *Parnassius epaphus* Oberthür, 1879

中小型绢蝶。翅背面灰白色，散有灰褐色鳞片，前翅外缘翅脉黑色，外缘带灰白半透明，亚外缘呈锯齿状，前缘斑 2 个，内含红斑；后翅外缘带灰色，亚外缘有黑色新月状斑列，中部有 2 个外围带黑环的红斑，内缘黑色。腹面斑纹与背面类似，但后翅基部有外围带黑环的红斑。

1 年 1 代，成虫多见于 6 ~ 7 月，幼虫以景天科植物为寄主。

验视标本：1♂，德姆拉山，1993.Ⅷ，张涪平。

分布：西藏、新疆、甘肃、青海、四川；印度，尼泊尔，阿富汗，巴基斯坦等。

31. 中亚丽绢蝶 *Parnassius actius* (Eversmann, 1843)

中型绢蝶。翅背面白色，翅脉端黑色，前翅外缘半透明，亚外缘有锯齿状暗带，中室有 2 个略呈方形的黑斑，中室外有 2 个外围带黑边的红斑，后缘有 1 个圆形黑斑；后翅有不规则的黑色外缘带，亚外缘有 1 列近三角形黑斑，中部有 2 个外围带黑环的红斑，翅基及内缘区黑色。腹面斑纹与背面类似，但后翅基部有外围带黑环的红斑，臀角有红心黑斑。

1 年 1 代，成虫见于 6 ~ 8 月。

验视标本：1♂，林芝，采集时间及人不详。

分布：西藏、新疆、四川、甘肃；塔吉克斯坦，哈萨克斯坦，阿富汗，巴基斯坦等。

32. 珍珠绢蝶 *Parnassius orleans* Oberthür, 1890

中型绢蝶。翅白色，翅脉淡黄色。前翅翅面外缘边饰黑色线纹，灰褐色半透明，亚外缘有锯齿状黑带，中室内有 2 个黑斑，中室外和后缘中部有 3 个外围带黑边的红斑；后翅翅面外缘带狭窄半透明，内侧有 4 个扁形黑斑，中间有 2 个外围带黑环的红斑，翅基及内缘区黑色，臀角有 2 个外围带黑环的蓝斑。腹面斑纹与背面类似。

1 年 1 代，成虫多见于 6 ~ 7 月。

验视标本：1♂，德姆拉山，2017.Ⅷ，郝家胜。

分布：西藏、四川、陕西、甘肃、青海；蒙古。

33. 联珠绢蝶 *Parnassius hardwickii* Gray, 1831

中型绢蝶。雄蝶翅背面黄白色，翅脉黄褐色，前翅外缘有半透明暗色带，亚外缘有黑斑点 1 列，中室有 2 个黑斑，中室外和后缘中部有 3 个外围黑边的红斑；后翅亚外缘有镶黑边的蓝色斑列，翅基及内缘区黑色。腹面斑纹与背面类似，但后翅基部有 3 个红斑。雌蝶翅色较雄蝶深，前翅翅面亚外缘为齿状斑列。

1 年 1 代，成虫多见于 6 ~ 8 月，幼虫以虎耳草科植物为寄主。

验视标本：1♂，西藏普兰 4 600 ~ 4 800 m，1976.Ⅶ.22，王定葆（中国科学院动物研究所标本）。

分布：西藏；尼泊尔，不丹，印度。

34. 姹瞳绢蝶 *Parnassius charltonius* Gray, [1853]

中大型绢蝶。翅背面灰白色，翅脉黄褐色，前翅外缘带宽，亚外缘有灰色带半透明，中室有 2 个长方形大黑斑，翅中部有 1 条 S 形的黑色横带，其中部色淡；后翅外缘带窄，灰褐色半透明，亚外缘有 5 个黑色蓝心的圆斑，中部有 2 个白心黑边的红斑，翅基及内缘区灰黑色，臀角有 1 条淡黑色的条状纹。腹面斑纹与背面类似，但后翅基部有红斑。

1 年 1 代，成虫多见于 7 ~ 9 月，幼虫以紫堇科植物为寄主。

验视标本：1♂，札达曲松 4 300 m，1976.Ⅶ.16，黄复生（中国科学院动物研究所标本）。

分布：西藏、新疆；阿富汗，吉尔吉斯，哈萨克斯坦，巴基斯坦，印度。

35. 普氏绢蝶 *Parnassius przewalskii* Alphéraky, 1887

中型绢蝶。前翅窄长，翅背面淡黄色，翅脉浓黄，前翅外缘和亚外缘黑色带纹稍宽，中室有 2 个方形黑斑，中室外和后缘中部有 3 个外围黑边的红斑；后翅外缘带纹较窄，其内侧有 4 个排为 1 列外围带黑边的蓝斑，中部有 2 个外围带黑环的红斑。翅基及内缘区黑色，基部显现红斑。腹面斑纹与背面类似，但翅色较淡，散布粉红色鳞片。

1 年 1 代，成虫多见于 6 月。

验视标本：1♂，昌都，时间不详，中国科学院动物研究所采集。

分布：西藏、四川、青海、新疆。

36. 西猴绢蝶 *Parnassius simo* Gray, [1853]

小型绢蝶。翅背面白色，翅脉暗褐色，前翅外缘带狭窄半透明，亚外缘带锯齿状灰褐色，中室外有 2 个小黑斑，中室有 2 个黑斑，后缘中部有 1 个小黑斑，翅基部黑色；后翅翅面外缘边黑色，亚外缘有锯齿状灰褐色带纹，中部有 2 个镶黑边的红斑或橘红斑，翅基部及内缘区被黑宽带占据。腹面斑纹与背面类似。

1 年 1 代，成虫多见于 6 ~ 7 月，幼虫以玄参科植物为寄主。

验视标本：1♂，札达曲松 4 300 m，1976. Ⅶ.16，黄复生（中国科学院动物研究所标本）。

分布：西藏、四川、甘肃、青海、新疆；巴基斯坦，印度。

37. 元首绢蝶 Parnassiu cephalus Grum-Grshimailo, 1891

中型绢蝶。翅背面白色，翅脉灰褐色，前翅外缘灰色半透明，前翅外缘和亚外缘各有 1 条灰褐色横带；后翅亚外缘有 1 条灰褐色横带，中部有 2 个外围带黑环的红色或橘红色圆斑，翅基及内缘区黑色，臀角有 2 个黑环蓝斑。腹面斑纹与背面类似，但色泽及斑纹发灰白。

1 年 1 代，成虫多见于 6 ~ 7 月。

验视标本：1♀，佩枯错，2018. Ⅷ.1，潘朝晖。

分布：西藏、四川、云南、甘肃、青海；巴基斯坦，印度。

38. 小红珠绢蝶 Parnassiu nomion Fischer & Waldheim, 1823*

中大型绢蝶。翅背面白色，翅脉黄褐色，前翅外缘翅脉间隔有黑斑，亚外缘有锯齿状黑带，中室有 2 个较大黑斑，中室外和后缘中部有 3 个外围黑边的红斑；后翅外缘翅脉间隔有黑斑，亚外缘或有新月状斑带，中部有 2 个外围黑环的大红斑，红斑或镶有白色瞳点，翅基及内缘区为不规则的宽黑带占据，臀角有红色横斑。腹面斑纹与背面类似。

1 年 1 代，成虫多见于 7 ~ 8 月，幼虫以罂粟科植物为寄主。

验视标本：1♀，德姆拉山，2019. Ⅷ.1，张彦周。

分布：西藏、吉林、北京、山西、甘肃、青海；俄罗斯，哈萨克斯坦及朝鲜半岛。

①♀
君主绢蝶
德姆拉山 1993-08-??

❶♀
君主绢蝶
德姆拉山 1993-08-??

②♂
君主绢蝶
米拉山 2013-07-19

❷♂
君主绢蝶
米拉山 2013-07-19

③♂
依帕绢蝶
德姆拉山 1993-08-?

❸♂
依帕绢蝶
德姆拉山 1993-08-?

④♂
中亚丽绢蝶
林芝（采集时间不详）

❹♂
中亚丽绢蝶
林芝（采集时间不详）

⑤♂
珍珠绢蝶
德姆拉山 2017-08-??

❺♂
珍珠绢蝶
德姆拉山 2017-08-??

⑥♂
联珠绢蝶
普兰 1976-07-22

⑦♂
姹瞳绢蝶
札达曲松 1976–07–16

❼♂
姹瞳绢蝶
札达曲松 1976–07–16

⑧♂
普氏绢蝶
昌都（采集时间不详）

❽♂
普氏绢蝶
昌都（采集时间不详）

⑨♂
西猴绢蝶
札达曲松 1976–07–16

❾♂
西猴绢蝶
札达曲松 1976–07–16

⑩♀
元首绢蝶
佩枯错 2018-08-01

❿♀
元首绢蝶
佩枯错 2018-08-01

⑪♀
小红珠绢蝶
德姆拉山 2019-08-01

⓫♀
小红珠绢蝶
德拉姆山 2019-08-01

二、粉蝶科 Pieridae

（一〇）迁粉蝶属 *Catopsilia* Hübner, [1819]

中型粉蝶。体背黑色密被白毛，腹部黄白色。头大，触角短粗。翅浑圆，前翅顶角明显；颜色单调，以黄白色为主。具性二型，部分种类雌多型。

主要分布亚洲、非洲和大洋洲。国内已知 4 种。

39. 梨花迁粉蝶 *Catopsilia pyranthe* (Linnaeus, 1758)

中型粉蝶。翅面白色或粉绿色，前翅前缘和外缘黑色，中室端脉上有 1 枚黑点；后翅外缘脉端斑黑色。雄蝶的黑色斑带较窄小。翅反面苍黄色，密布赭色细纹。有春、夏型之分。

1 年多代，成虫全年可见，幼虫以豆科决明属植物为寄主。

验视标本：1♂，墨脱 80K，2014.Ⅷ.1（背面）。

分布：西藏、海南、广东、福建、台湾、广西、江西 、四川；巴基斯坦，阿富汗，尼泊尔，印度锡金邦，不丹，孟加拉国，缅甸，泰国，澳大利亚东北部和菲律宾等。

（一一）方粉蝶属 *Dercas* Doubleday, [1847]

中型粉蝶。体背黑色密被白毛，腹部黄色。头大，触角短粗，端部稍膨大。前翅顶角尖突，后翅或呈方形；整体颜色单调。性二型不明显。幼虫取食鼠李科植物。

主要分布于东洋区，国内 3 种。

40. 檀方粉蝶 *Dercas verhuelli* (van der Hoeven, 1839)

中型粉蝶。前翅黄色，顶角具不规则大黑斑，后翅方形具小尾突；腹面黄色具光泽，前后翅室端具锈色不规则斑，外中区具淡锈色横带。雌蝶前后翅突出部分更发达，斑纹似雄蝶，但底色较淡。

1 年多代，成虫多见于 3～10 月，幼虫寄主植物为豆科两粤黄檀。

验视标本：1♂，墨脱背崩，2019.Ⅵ.7，杨棋程。

分布：西藏、海南、广东、香港、广西、福建、四川；巴基斯坦，印度，越南，老挝，缅甸北部，泰国，新加坡，婆罗洲。

41. 黑角方粉蝶 *Dercas lycorias* (Doubleday, 1842)

中小型粉蝶。后翅无尾。背面黄色，前翅顶角黑色，外中区中部具黑点，与顶角间连有赭黄色带。腹面淡黄色具光泽，前、后翅室端具锈色斑，外中区具淡锈色带，与前翅顶角锈色斑相接。雌蝶斑纹似雄蝶，雌性前翅外中区有 1 个黑斑。

1年2代，成虫多见于夏季。

验视标本：1♂，墨脱80K，2017.Ⅶ.19，潘朝晖；2♀♀，墨脱，2018.Ⅴ.28，潘朝晖；4♀♀♀♀，排龙，2019.Ⅳ.25，潘朝晖；1♂，墨脱80K，2017.Ⅶ.29，潘朝晖；1♂1♀，易贡，2016.Ⅵ.27，潘朝晖。

分布：西藏、浙江、福建、湖北、广西、四川、贵州、云南、陕西；印度，尼泊尔，缅甸。

（一二）豆粉蝶属 *Colias* Fabricius, 1807

中型粉蝶。雄蝶由浅绿色至橙黄色、暗红色，前翅中室端常具有黑斑；雌蝶后翅中室端具有白斑、黄斑、红斑，顶角与外缘黑色；一些种后翅基部有长椭圆状性标。

世界性分布，古北区最丰富，全世界记载80余种，我国已知34种。

42. 橙黄豆粉蝶 *Colias fieldii* Ménétriés, 1885

中型粉蝶。翅橙黄色，前翅背面中室端有1个黑圆斑；后翅基部有淡黄色性标，前后翅外缘有黑色宽带，雌蝶外缘较宽，带内有橙黄色斑；腹面前翅前缘、外缘，后翅前缘、外缘、臀缘线粉红色；前后翅中室端斑瞳点白色。

成虫多见于4~10月，幼虫以豆科植物为寄主。

验视标本：1♀，易贡，2018.X.11，潘朝晖；1♀，排龙，2015.X.3，潘朝晖；1♂，八一镇，2015.IX.28，潘朝晖；1♂，易贡，2018.IX.30，潘朝晖。

分布：西藏、北京、陕西、四川、云南；印度，尼泊尔。

43. 黳豆粉蝶 *Colias nebulosa* Oberthür, 1894

中型粉蝶。雄蝶翅黄绿色，背面中室端斑黑色，亚外缘有黑色锯齿状斑带，外缘各翅室间有黑色斑，翅基部和翅脉覆黑色鳞片，前翅前缘暗红色，后翅靠基部大部分区域黑色，外缘黄绿色，雌蝶翅灰白色；雄蝶腹面后翅绿色，前后翅前缘线暗红色。后翅中室端斑白色，大部分区域黑色。腹面后翅草绿色，前后翅前缘线红色，雌蝶腹面灰白色。

成虫多见于7月。

验视标本：2♀♀1♂，德姆拉山，2019.Ⅵ.28，潘朝晖。

分布：西藏、四川、甘肃、青海。

44. 万达豆粉蝶 *Colias wanda* Grum-Grshimailo, 1893

中型粉蝶。雄蝶背面橙黄色，前翅中室端斑黑色，翅外缘黑色宽带发达，后翅基部黄色斑较红黑豆粉蝶发达，翅外缘较圆钝。雌蝶以黑色为主，上有灰绿斑或橙色斑，前翅中域分布斑列，前后翅外缘有斑列。

成虫多见于7~8月。

验视标本：1♂，八宿，1973.Ⅷ.14，中国科学院动物研究所。

分布：西藏、新疆、青海、甘肃；不丹。

45. 阿豆粉蝶 *Colias adelaidae* Verhulst, 1991

中型粉蝶。个体比红黑豆要小，背面雄蝶翅面橙黄色，中室端斑黑色，外缘黑带发达，后翅中室端斑红色，翅基部黄色，外缘黑带宽阔。雌蝶颜色以黑色为主，分布有黄绿到橙红色斑。

成虫多见于 7~8 月。

验视标本：1♂，德姆拉山，2000.Ⅷ.12，采集人不详（中国科学院动物研究所标本）。

分布：西藏、甘肃。

46. 金豆粉蝶 *Colias ladakensis* C. & R.Felder, 1865

中型粉蝶。翅色豆绿色，背面前翅中室端斑黑色，前、后翅外缘黑色斑带内各翅室间豆绿色斑排列整齐，腹面后翅暗绿色，缘毛粉红色。

成虫多见于 7 月。

验视标本；1♂，札达 4 200 m，1976.Ⅵ.25，黄复生。

分布：西藏；尼泊尔，巴基斯坦，印度，不丹。

47. 尼娜豆粉蝶 *Colias nina* Fawcett, 1904

中型粉蝶。翅橙黄色，前翅背面中室端斑黑色，前翅外缘黑色斑带内橙色斑沿翅室排列清晰，后翅基部大部分区域覆有黄黑色鳞片，外侧橙黄色带状斑明显，中室端斑长条形。前后翅缘毛粉红色。后翅腹面黄绿色。

成虫多见于 5~6 月。

验视标本：1♂，当雄 4 200 m，1996.Ⅵ.5，中国科学院动物研究所。

分布：西藏。

48. 山豆粉蝶 *Colias montium* (Linnaeus, 1758)

中型粉蝶。翅淡黄绿色，前翅背面中室端有 1 个黑圆斑，顶角大部及外缘黑色，内有淡黄绿色斑；后翅中室端斑圆形；前翅背面内缘基部及后翅臀缘外侧有黑色鳞片。前翅腹面顶角大部及外缘、后翅黄色，前翅腹面亚外缘有 1 列黑斑。

成虫多见于 6 月，幼虫以豆科植物为寄主。

验视标本：1♂，八宿然乌湖 3 800 m，1973.Ⅷ.17，黄复生。

分布：西藏、四川、甘肃、青海；蒙古，俄罗斯等。

49. 勇豆粉蝶 *Colias thrasibulus* Fruhstorfer, 1908

中型粉蝶。翅色淡黄绿色，前翅背面基部黑色，中室端斑黑色，亚外缘黑色斑列清晰明显，外缘黑斑色淡，后翅基部大部分区域覆有黑色鳞片，亚缘黑斑明显；后翅腹面基部大部分区域黄绿色，中室色浅，前后翅亚缘斑明显。

成虫多见于 7 月。

验视标本：1♂，日土东布隆 5 100 m，1976.Ⅷ.25，黄复生。

分布：西藏、青海；印度。

① ♂
梨花迁粉蝶
墨脱 2014-08-01

❶ ♂
梨花迁粉蝶
墨脱 2014-08-01

② ♂
檀方粉蝶
墨脱背崩 2019-06-07

❷ ♂
檀方粉蝶
墨脱背崩 2019-06-07

③ ♂
黑角方粉蝶
墨脱 2017-07-19

❸ ♂
黑角方粉蝶
墨脱 2017-07-19

④♀
黑角方粉蝶
墨脱 2018-05-28

❹♀
黑角方粉蝶
墨脱 2018-05-28

⑤♀
黑角方粉蝶
墨脱 2018-05-28

❺♀
黑角方粉蝶
墨脱 2018-05-28

⑥♀
黑角方粉蝶
排龙 2019-04-25

❻♀
黑角方粉蝶
排龙 2019-04-25

⑦♀
黑角方粉蝶
排龙 2019-04-25

❼♀
黑角方粉蝶
排龙 2019-04-25

⑧♀
黑角方粉蝶
排龙 2019-04-25

❽♀
黑角方粉蝶
排龙 2019-04-25

⑨♀
黑角方粉蝶
排龙 2019-04-25

❾♀
黑角方粉蝶
排龙 2019-04-25

⑩♂
黑角方粉蝶
墨脱 2017-07-29

❿♂
黑角方粉蝶
墨脱 2017-07-29

⑪♀
黑角方粉蝶
易贡 2016-06-27

⓫♀
黑角方粉蝶
易贡 2016-06-27

⑫♂
黑角方粉蝶
易贡 2016-06-27

㉑♂
黑角方粉蝶
易贡 2016-06-27

⑬♀
橙黄豆粉蝶
易贡 2018-10-11

❸♀
橙黄豆粉蝶
易贡 2018-10-11

⑭♀
橙黄豆粉蝶
排龙 2015-10-03

❹♀
橙黄豆粉蝶
排龙 2015-10-03

⑮♂
橙黄豆粉蝶
八一镇 2015-09-28

❺♂
橙黄豆粉蝶
八一镇 2015-09-28

⑯♂
橙黄豆粉蝶
易贡 2018-09-30

⑯♂
橙黄豆粉蝶
易贡 2018-09-30

⑰♀
黧豆粉蝶
德姆拉山 2019-06-28

⑰♀
黧豆粉蝶
德姆拉山 2019-06-28

⑱♀
黧豆粉蝶
德姆拉山 2019-06-28

⑱♀
黧豆粉蝶
德姆拉山 2019-06-28

⑲♂
鬻豆粉蝶
德拉姆山 2019-06-28

❶❾♂
鬻豆粉蝶
德拉姆山 2019-06-28

⑳♂
万达豆粉蝶
八宿 1973-08-14

❷⓿♂
万达豆粉蝶
八宿 1973-08-14

㉑♂
阿豆粉蝶
德姆拉山 2000-08-12

❷❶♂
阿豆粉蝶
德姆拉山 2000-08-12

㉒♂
金豆粉蝶
札达 1976-06-25

㉒♂
金豆粉蝶
札达 1976-06-25

㉓♂
尼娜豆粉蝶
当雄 1996-06-05

㉓♂
尼娜豆粉蝶
当雄 1996-06-05

㉔♂
山豆粉蝶
八宿然乌湖 1973-08-17

㉔♂
山豆粉蝶
八宿然乌湖 1973-08-17

㉕♂
勇豆粉蝶
日土东布隆 1976-08-25

㉕♂
勇豆粉蝶
日土东布隆 1976-08-25

（一三）黄粉蝶属 *Eurema* Hübner, [1819]

小型至中小型。翅背面以黄色为主，前翅前缘至外缘区及后翅外缘区带深褐色纹；翅腹面亦呈黄色，带红褐色至黑褐色的斑点或细纹。雄蝶翅均带性标，其位置及大小因不同物种而异。雄雌异型不显著，但雌蝶通常颜色较淡。

主要分布在热带和亚热带地区。国内已知 8 种。

50. 檗黄粉蝶 *Eurema blanda* (Boisduval, 1836)

中小型粉蝶。体形较其他黄粉蝶属种类稍大，前翅腹面中室内有 3 个斑点，后翅外缘呈圆弧形。雄雌及季节型的差异都近似宽边黄粉蝶。

1 年多代，成虫在南方几乎全年可见，幼虫以 10 余种豆科植物为寄主。

验视标本：1♂，墨脱，2018.Ⅶ.11，潘朝晖；1♀，墨脱，2018.Ⅶ.13，潘朝晖。

分布：西藏、福建、湖南、广东、广西、云南、海南、台湾、香港；东洋区和澳洲区的北部。

51. 安迪黄粉蝶 *Eurema andersoni* (Moore, 1886)*

小型粉蝶。体形较小，与檗黄粉蝶相似。本种腹面缺乏散布的黑褐色鳞片，前翅腹面中室内仅有 1 个斑点，后翅外缘呈圆弧形，腹面黑褐斑纹常连成波浪纹。除雄蝶翅呈鲜黄色外，雄雌及季节型的差异都近似宽边黄粉蝶。

1 年多代，成虫几乎全年可见，幼虫以鼠李科翼核果属植物为寄主。

验视标本：1♀，墨脱 108K，2014.Ⅷ.5，潘朝晖；1♂，墨脱，2018.Ⅶ.28，周润发；1♂，墨脱背崩，2017.Ⅶ.15，潘朝晖；1♂，墨脱 108K，2014.Ⅷ.6，潘朝晖。

分布：西藏、云南、广西，海南、台湾；东洋区。

52. 宽边黄粉蝶 *Eurema hecabe* (Linnaeus, 1758)

中小型粉蝶。翅深黄色到黄白色。前翅前缘黑色，外缘有宽的黑色带，顶区至外缘区至后翅外缘区有黑褐色纹，并在前翅外缘区向外形成"M"形凹陷。后翅外缘黑带窄而界限模糊，或仅有脉端斑点。翅腹面前翅顶区带一黑褐色斑，中室内有 2 个斑点，前后翅中室末端各有 1 条中空的黑褐色纹。雄蝶前翅腹面中室下缘翅脉上有白色长形性标；雌蝶颜色较淡。

1 年多代，成虫几乎全年可见，幼虫以豆科决明属、合欢属植物为寄主。

验视标本：2♂♂，墨脱，2019.ⅩⅠ.10，潘朝晖；1♀，墨脱，2018.Ⅶ.28，潘朝晖；1♀1♂，墨脱 108K，2014.Ⅷ.6，潘朝晖；3♂♂♂，墨脱，2016.Ⅷ.3，潘朝晖。

分布：西藏、江苏、上海、福建、浙江、海南、云南、广西、江西、四川、贵州、湖南、湖北、广东、香港、安徽、台湾、北京、河北、河南、陕西、山西、甘肃、山东；亚洲、非洲和大洋洲的热带和亚热带地区。

①♂
檗黄粉蝶
墨脱 2018-07-11

❶♂
檗黄粉蝶
墨脱 2018-07-11

②♀
檗黄粉蝶
墨脱 2018-07-13

❷♀
檗黄粉蝶
墨脱 2018-07-13

③♂
檗黄粉蝶
墨脱 2018-07-11

❸♂
檗黄粉蝶
墨脱 2018-07-11

④♀
安迪黄粉蝶
墨脱 2014-08-05

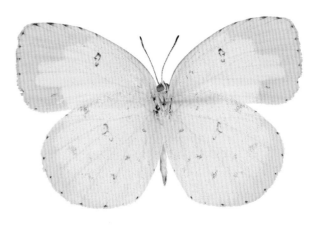

❹♀
安迪黄粉蝶
墨脱 2014-08-05

⑤♂
安迪黄粉蝶
墨脱 2018-07-28

❺♂
安迪黄粉蝶
墨脱 2018-07-28

⑥♂
安迪黄粉蝶
墨脱背崩 2017-07-15

❻♂
安迪黄粉蝶
墨脱背崩 2017-07-15

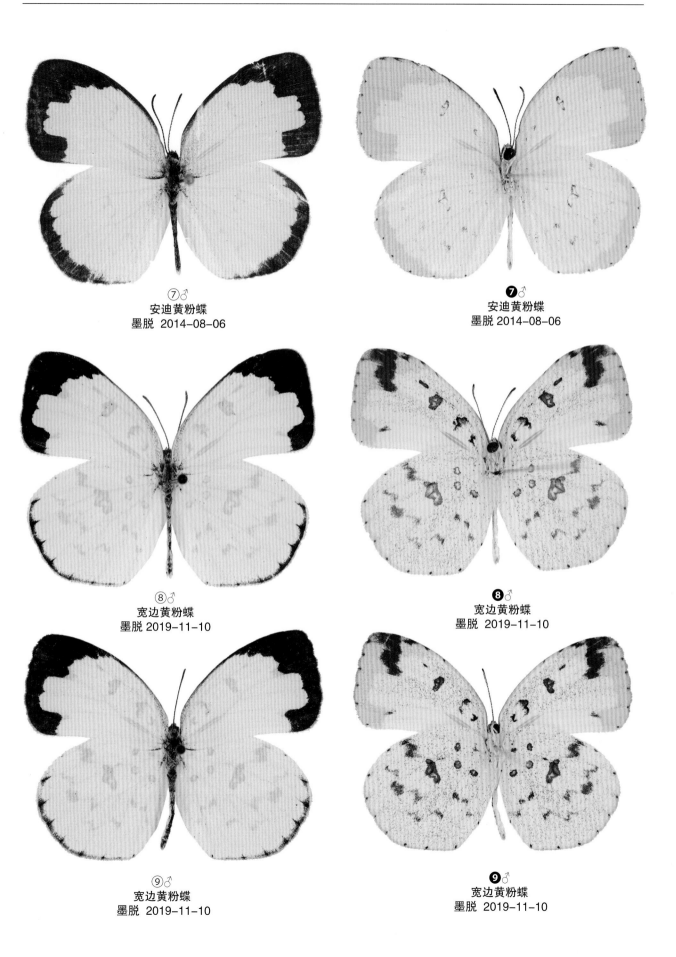

⑦♂
安迪黄粉蝶
墨脱 2014-08-06

❼♂
安迪黄粉蝶
墨脱 2014-08-06

⑧♂
宽边黄粉蝶
墨脱 2019-11-10

❽♂
宽边黄粉蝶
墨脱 2019-11-10

⑨♂
宽边黄粉蝶
墨脱 2019-11-10

❾♂
宽边黄粉蝶
墨脱 2019-11-10

⑨♀
宽边黄粉蝶
墨脱 2018-07-28

❾♀
宽边黄粉蝶
墨脱 2018-07-28

⑩♀
宽边黄粉蝶
墨脱 2014-08-06

❿♀
宽边黄粉蝶
墨脱 2014-08-06

⑪♂
宽边黄粉蝶
墨脱 2014-08-06

⓫♂
宽边黄粉蝶
墨脱 2014-08-06

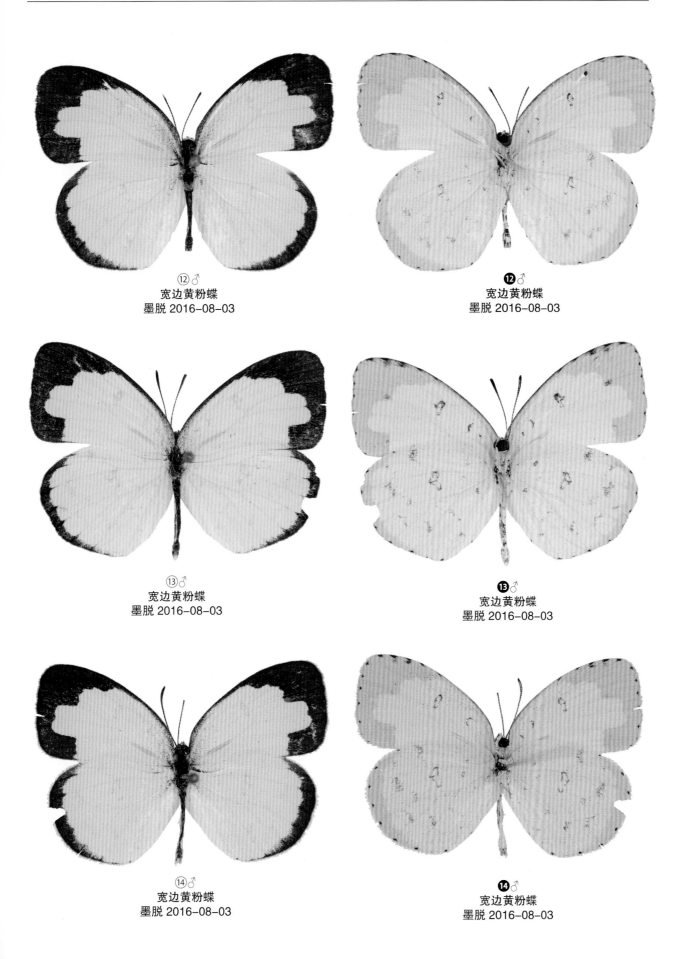

⑫♂
宽边黄粉蝶
墨脱 2016-08-03

❶❷♂
宽边黄粉蝶
墨脱 2016-08-03

⑬♂
宽边黄粉蝶
墨脱 2016-08-03

❶❸♂
宽边黄粉蝶
墨脱 2016-08-03

⑭♂
宽边黄粉蝶
墨脱 2016-08-03

❶❹♂
宽边黄粉蝶
墨脱 2016-08-03

（一四）钩粉蝶属 *Gonepteryx* Leach, 1815

中型粉蝶。翅短而宽，前翅顶角向外钩状突出，后翅下半部有 1 个尖突，部分种类有多个尖突出，呈锯齿状。雄蝶背面为淡黄色或黄色，雌蝶为白色、淡黄白色或淡绿色。前后翅中室端有红色小斑点。

主要分布于古北区。世界已知 13 种，国内已知 6 种。

53. 圆翅钩粉蝶 *Goneperyx amintha* Blanchard, 1871

中大型粉蝶。体形较大，后翅较圆阔。雄蝶翅背面为均匀的橙黄色，西藏东南部的此种前翅为橙红色，前后翅的中室端斑为橙红色，后翅中下部外缘有红色脉端点。翅腹面淡黄色，后翅中上部的膨大脉纹粗壮，非常显著，中下部也有数条较为细小的膨大脉纹。雌蝶与雄蝶相似，但背面及腹面底色为淡黄白色或淡绿白色。

1 年多代，成虫多见于 3 ~ 10 月，幼虫寄主植物为鼠李和黄槐等。

验视标本：2♂♂，墨脱 80K，2016. Ⅶ.30，潘朝晖；2♀♀，排龙，2019. Ⅳ.25，潘朝晖；1♂1♀，易贡，2016. Ⅴ.1，潘朝晖。

分布：西藏、浙江、福建、河南、四川、甘肃、云南、陕西；俄罗斯，朝鲜半岛。

54. 淡色钩粉蝶 *Goneperyx Aspasia* Ménétriés, 1859

中型粉蝶。雄蝶前翅黄色，外缘有阔的淡色区。后翅浅黄色。中室端斑小而圆，浅橙红色。前翅顶角和后翅臀角中等突出。腹面呈很浅的乳黄色，前翅中部和基部有较暗的淡黄色区域。雌蝶绿白色，翅相当狭长，斑纹与雄蝶相似；腹面乳白色，但前翅中部和基部白色。与尖钩粉蝶较相似，但本种后翅外缘锯齿状非常不明显。

成虫多见于 5 ~ 9 月，幼虫寄主植物为鼠李。

验视标本：2♂♂1♀，米林县娘龙村，2016. Ⅶ.25，潘朝晖；1♂，易贡，2016. Ⅵ.27，潘朝辉；1♂，西藏农牧学院高原生态研究所（以下简称"高原生态研究所"），2014. Ⅴ.22，潘朝晖；1♀，高原生态研究所，2014. Ⅴ.4，杨超；1♀，八一镇觉木沟 2014. Ⅳ.22，潘朝晖；1♀，高原生态研究所，2014. Ⅴ.23，潘朝晖；1♂，易贡，2016. Ⅵ.27，潘朝辉；1♂，八一镇，2018 Ⅴ.7，潘朝晖；1♂，高原生态研究所，2014. Ⅳ.19，潘朝晖。

分布：西藏、河北、山西、黑龙江、吉林、辽宁、江苏、福建、四川、云南、陕西、甘肃、青海；日本，俄罗斯。

55. 尖钩粉蝶 *Goneperyx mahaguru* (Gistel, 1857)

中型粉蝶。雄蝶前翅背面淡黄色，前缘和外缘有红褐色脉端纹，后翅为淡绿色，前后翅的橙红色中室端圆斑较小，后翅下缘呈锯齿状，腹面为黄白色，后翅中上部的膨大脉纹相对较细。雌蝶斑纹与雄蝶相似，但翅背面底色为淡绿色。

成虫多见于 7-8 月。

验视标本：1♀，巴宜区八一镇，2018.IX.3，周润发；2♂♂1♀，察隅龙古村，2017. Ⅶ.16，呼景阔；1♂，察隅龙古村，2017. Ⅶ.15，呼景阔；1♂，墨脱 2016. Ⅷ.3，潘朝晖；1♀，易贡，2016. Ⅴ.1，潘朝晖；1♂，易贡，2018. Ⅴ.7，潘朝晖；1♂，察隅龙古村，2013. Ⅵ.18，杨超。

分布：西藏；印度，尼泊尔，缅甸。

① ♂
圆翅钩粉蝶
墨脱 2016-07-30

❶ ♂
圆翅钩粉蝶
墨脱 2016-07-30

② ♂
圆翅钩粉蝶
墨脱 2016-07-30

❷ ♂
圆翅钩粉蝶
墨脱 2016-07-30

③ ♀
圆翅钩粉蝶
易贡 2016-05-01

❸ ♀
圆翅钩粉蝶
易贡 2016-05-01

④♀
圆翅钩粉蝶
易贡 2016-05-01

❹♀
圆翅钩粉蝶
易贡 2016-05-01

⑤♀
圆翅钩粉蝶
排龙 2019-04-25

❺♀
圆翅钩粉蝶
排龙 2019-04-25

⑥♂
圆翅钩粉蝶
排龙 2019-04-25

❻♂
圆翅钩粉蝶
排龙 2019-04-25

⑦♂
淡色钩粉蝶
娘龙村 2016-07-25

❼♂
淡色钩粉蝶
娘龙村 2016-07-25

⑧♂
淡色钩粉蝶
娘龙村 2016-07-25

❽♂
淡色钩粉蝶
娘龙村 2016-07-25

⑨♂
淡色钩粉蝶
娘龙村 2016-07-25

❾♂
淡色钩粉蝶
娘龙村 2016-07-25

⑩♀
淡色钩粉蝶
娘龙村 2016-07-25

❿♀
淡色钩粉蝶
娘龙村 2016-07-25

⑪♀
淡色钩粉蝶
高原生态研究所 2014-05-22

⓫♀
淡色钩粉蝶
高原生态研究所 2014-05-22

⑫♀
淡色钩粉蝶
高原生态研究所 2014-05-04

⓬♀
淡色钩粉蝶
高原生态研究所 2014-05-04

⑬♀
淡色钩粉蝶
觉木沟 2014-04-22

⑬♀
淡色钩粉蝶
觉木沟 2014-04-22

⑭♀
淡色钩粉蝶
高原生态研究所 2014-05-23

⑭♀
淡色钩粉蝶
高原生态研究所 2014-05-23

⑮♀
淡色钩粉蝶
易贡 2016-06-27

⑮♀
淡色钩粉蝶
易贡 2016-06-27

⑯♂
淡色钩粉蝶
高原生态研究所 2014-04-19

❶♂
淡色钩粉蝶
高原生态研究所 2014-04-19

⑰♀
尖钩粉蝶
巴宜区八一镇 2018-09-03

❶♀
尖钩粉蝶
巴宜区八一镇 2018-09-03

⑱♀
尖钩粉蝶
察隅龙古村 2017-07-16

❶♀
尖钩粉蝶
察隅龙古村 2017-07-16

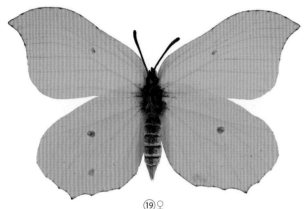

⑲♀
尖钩粉蝶
察隅龙古村 2017-07-16

❶⑲♀
尖钩粉蝶
察隅龙古村 2017-07-16

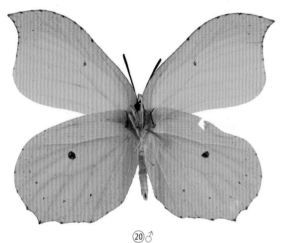

⑳♂
尖钩粉蝶
察隅龙古村 2017-07-16

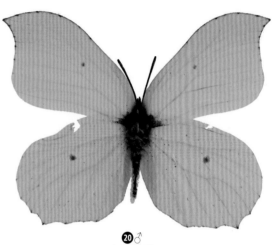

❷⑳♂
尖钩粉蝶
察隅龙古村 2017-07-16

㉑♂
尖钩粉蝶
察隅龙古村 2017-07-15

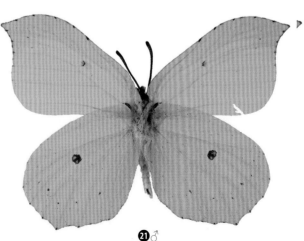

❸㉑♂
尖钩粉蝶
察隅龙古村 2017-07-15

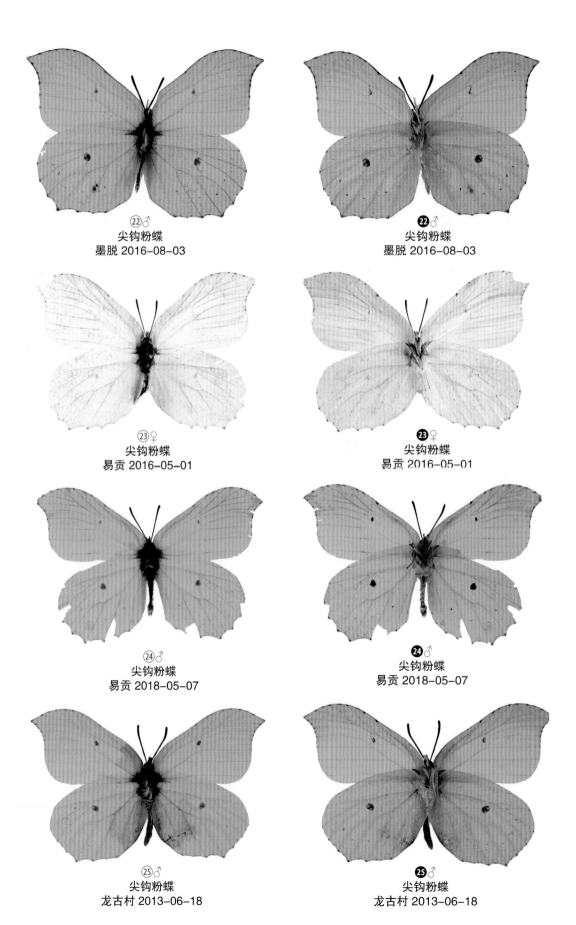

㉒♂
尖钩粉蝶
墨脱 2016-08-03

㉒♂
尖钩粉蝶
墨脱 2016-08-03

㉓♀
尖钩粉蝶
易贡 2016-05-01

㉓♀
尖钩粉蝶
易贡 2016-05-01

㉔♂
尖钩粉蝶
易贡 2018-05-07

㉔♂
尖钩粉蝶
易贡 2018-05-07

㉕♂
尖钩粉蝶
龙古村 2013-06-18

㉕♂
尖钩粉蝶
龙古村 2013-06-18

（一五）斑粉蝶属 *Delias* Hübner, 1819

中大型粉蝶。触角约为前翅长的一半，锤节突然膨大。下唇须短，第 3 节细长，长于第 2 节或等长。前翅前缘几乎平直，呈极轻微的弧形，顶角阔圆，外缘斜，臀角钝圆，内缘直，中室占翅面的一半。

主要分布在东洋区和澳洲区，国内已知 12 种。

56. 艳妇斑粉蝶 *Delias belladonna* (Fabricius, 1793)

中大型粉蝶。雄蝶翅背面黑褐色至黑色，前翅亚外缘斑 7 个，斑的基部尖，端部放射状；中域斑和中室斑都不明显。后翅前缘基部有 1 个橙黄色斑，卵圆形中域斑较大，前翅腹面前半部的亚外缘斑为黄色，中室内有 1 个清晰的条斑。后翅腹面斑纹比背面大而明显，中室内的条斑方形，黄色。雌蝶翅背面灰黑色，斑纹很不明显，后翅前缘基部斑比雄蝶大，但端部为淡黄色至白色，靠前缘的中域斑白色，比雄蝶大而明显。

成虫多见于 4～11 月，幼虫的寄主植物为桑寄生科植物。

验视标本：1♂，墨脱背崩，2017. Ⅵ. 9，潘朝晖；1♂，墨脱背崩，2017. Ⅴ. 9，潘朝晖；1♂，背崩，2017. Ⅴ. 12，潘朝晖。

分布：西藏、浙江、福建、江西、湖北、湖南、广东、香港、广西、四川、云南、陕西；斯里兰卡，印度，不丹，尼泊尔，缅甸，越南，泰国，老挝，印度尼西亚，马来西亚。

57. 洒青斑粉蝶 *Delias sanaca* (Moore, 1858)

中大型粉蝶。雄蝶翅背面有白色斑纹，前翅亚外缘斑三角形，中域斑较明显。后翅中室端半部有 1 个白色条斑，亚外缘斑白色。腹面斑纹比背面明显，后翅腹面的中域斑和亚外缘斑小，臀角有黄色斑，雌蝶前翅背面有明显的灰白色条纹，较小。后翅中室内有 1 个清晰的白色条斑，中域斑明显，比前翅的长。

成虫多见于 5～8 月。

验视标本：1♂，墨脱背崩，2017. Ⅵ. 12，潘朝晖。

分布：西藏、云南、陕西；不丹，尼泊尔，泰国，马来西亚。

①♂
艳妇斑粉蝶
背崩 2017-06-09

❶♂
艳妇斑粉蝶
背崩 2017-06-09

②♂
艳妇斑粉蝶
背崩 2017-05-09

❷♂
艳妇斑粉蝶
背崩 2017-05-09

③♂
艳妇斑粉蝶
背崩 2017-05-12

❸♂
艳妇斑粉蝶
背崩 2017-05-12

④♂
洒青斑粉蝶
背崩 2017-06-12

❹♂
洒青斑粉蝶
背崩 2017-06-12

（一六）尖粉蝶属 *Appias* Hübner, 1819

中小型粉蝶。体背黑色密被鳞毛。头大，触角细长，端部膨大。前翅三角形，顶角尖锐，外缘平直；多数种类颜色素雅，少数为鲜艳的橙红色。具性二型，少数雌多型。

主要分布于东洋区，印澳区和非洲热带区，国内已知 9 种。

58. 兰姬尖粉蝶 *Appias lalage* (Doubleday, 1842)

中型粉蝶。似雷震尖粉蝶，但前翅顶角明显尖出，室端具黑点，顶角白斑仅 1 枚，另 1 枚白斑位于亚外缘中部，后翅外缘脉端黑色；腹面杂纹色淡。雌蝶前后翅具很宽的黑边，前翅基部经室端至外缘黑边连通 1 条转折的粗黑纹；腹面前翅顶角与后翅整体黄色，杂纹退化，余同雄蝶。

1 年 2 代。

验视标本：2♂♂，墨脱 96K，2017. Ⅴ.12，潘朝晖；2♂♂，墨脱背崩，2017. Ⅴ.12，潘朝晖；1♂，墨脱 80K，2016. Ⅶ.30，潘朝晖；1♂，墨脱背崩，2017. Ⅵ.9，潘朝晖；1♀，墨脱 80K，2014. Ⅷ.1，潘朝晖。

分布：西藏、海南、福建以及云南南部；印度北部和中南半岛北部。

59. 雷震尖粉蝶 *Appias indra* (Moore, 1857) *

中型粉蝶。背面白色，前翅前缘灰色、顶区黑色、中部内侧突出，顶角附近嵌 2 枚白斑，前后翅室端或有黑点。腹前翅前缘、顶区和后翅整体浅褐色杂纹，中室具小黑点。雌蝶前后翅具很宽的黑边，腹面杂纹色深具光泽。

1 年 2 代。

验视标本：1♂，墨脱背崩，2017. Ⅵ.9，潘朝晖。

分布：西藏、海南、台湾、云南南部；南亚次大陆，马来群岛。

60. 白翅尖粉蝶 *Appias albina* (Boisduval, 1836)*

中小型粉蝶。雄蝶背面整体白色，前翅前缘、顶角及外缘具黑边。腹面前翅前缘、顶角及外缘微黄，后翅微黄。

1 年多代，幼虫寄主为戟叶槌果藤、鱼木等植物。

验视标本：1♂，易贡，2017. Ⅴ.8，潘朝晖。

分布：西藏、广东、广西、海南、云南、台湾；日本，印度，斯里兰卡，泰国，缅甸，越南，菲律宾，马来西亚。

①♂
兰姬尖粉蝶
墨脱 2017-05-12

❶♂
兰姬尖粉蝶
墨脱 2017-05-12

②♂
兰姬尖粉蝶
墨脱 2017-05-12

❷♂
兰姬尖粉蝶
墨脱 2017-05-12

③♂
兰姬尖粉蝶
墨脱背崩 2017-05-12

❸♂
兰姬尖粉蝶
墨脱背崩 2017-05-12

④♂
兰姬尖粉蝶
墨脱背崩 2017-05-12

❹♂
兰姬尖粉蝶
墨脱背崩 2017-05-12

⑤♂
兰姬尖粉蝶
墨脱 2016-07-30

❺♂
兰姬尖粉蝶
墨脱 2016-07-30

⑥♂
兰姬尖粉蝶
背崩 2017-06-09

❻♂
兰姬尖粉蝶
背崩 2017-06-09

⑦♀
兰姬尖粉蝶
墨脱 2014-08-01

❼♀
兰姬尖粉蝶
墨脱 2014-08-01

⑧♂
雷震尖粉蝶
背崩 2017-06-09

❽♂
雷震尖粉蝶
背崩 2017-06-09

⑨♂
白翅尖粉蝶
易贡 2017-05-08

❾♂
白翅尖粉蝶
易贡 2017-05-08

（一七）锯粉蝶属 *Prioneris* Wallace, 1867

中大型粉蝶。体背黑色密被白毛。头大，触角细长，端部膨大。前翅三角形，雄蝶前缘密生锯齿，顶角尖，后翅圆。背面颜色简单，但腹面鲜艳多样。部分种类具性二型。

主要分布于东洋区。

61. 锯粉蝶 *Prioneris thestylis* (Doubleday, 1842)*

中大型粉蝶。翅背面白色部分具黑脉，前翅顶区至外缘黑色加粗。腹面前翅黑色部分具深蓝色光泽，顶区具黄斑；后翅蓝黑色，镶嵌若干鲜黄色斑。雌蝶斑纹似雄蝶但黑色更发达。

1年多代，幼虫寄主为山柑科野香橼花、鱼木等植物。

验视标本：1♂，墨脱达木村，2017.Ⅶ.26，潘朝晖。

分布：西藏、福建、广西、海南、云南、西藏、香港、台湾；印度，缅甸，泰国，越南，老挝。

（一八）绢粉蝶属 *Aporia* Hübner, 1819

小型、中型或大型粉蝶。下唇须细长，触角约为前翅长度的一半，锤状部明显。前翅中室长，超过翅长之半。翅色以白色为主，个别为黄色、灰色至灰褐色。翅背面缀黑色或白色点状、箭状、带状及棒状斑纹，翅脉黑色或灰褐色，腹面斑纹与背面相似。

主要分布于古北区、东洋区，世界32种，中国29种。

62. 完善绢粉蝶 *Aporia agathon* (Gray, 1831)

大中型粉蝶。雄蝶前翅背面以黑色为主，缀有灰白色斑纹，亚外缘有白色斑列，中室外围有长形白斑，中室内和下方各有白色纵带。后翅背面亚外缘有1列白斑，中室有长形白斑。腹面斑纹与背面相似，但后翅翅色淡黄或深黄色，基部有黄色斑。雌蝶翅色比雄蝶稍浅。

1年1代，成虫多见于5~6月，幼虫以小檗科植物为寄主。

验视标本：1♂，察隅，2015.Ⅵ.23，潘朝晖；1♂，易贡，2017.Ⅵ.5，潘朝晖。

分布：西藏、四川、云南、台湾；尼泊尔，印度，缅甸，越南。

63. 三黄绢粉蝶 *Aporia larraldei* (Oberthür, 1876)*

中型粉蝶。翅色白色。前翅背面外缘有1列白斑，中室外有4个长形白斑，中室端黑斑宽，中室白斑短而阔，后缘有较阔长形白斑直抵翅基。后翅背面微泛黄，外缘饰有白斑，亚外缘有黑色横带，中室内有长形白斑，外有白斑围绕，翅脉及后缘区部分白色。腹面斑纹与背面相似，但前翅顶角和后翅黄色。

1年1代，成虫多见于7~8月。

验视标本：1♂，墨脱汗密，2013.Ⅶ.12，潘朝晖。

分布：西藏、四川、云南。

64. 暗色绢粉蝶 *Aporia bieti* (Oberthür, 1884)

中型粉蝶。前翅白色，前翅背面顶角及外缘黑褐色，外缘翅脉末端斑纹明显、黑色加宽，中室端斑黑色。后翅背面泛黄，翅脉较淡黑褐色，中室稍微狭窄，翅基黑色。腹面斑纹与背面似，但翅脉更清晰，前翅中室下方的翅脉通常加粗形成阴影，顶角及后翅黄色。

1 年 1 代，成虫多见于 6～7 月。

验视标本：1♂，察隅龙古村，2014.Ⅵ.20，潘朝晖。

分布：西藏、四川、云南、甘肃。

65. 丫纹绢粉蝶 *Aporia delavayi* (Oberthür, 1890)

中型粉蝶。翅色白色，前翅背面顶角显黑褐色，中室端斑淡。后翅背面亚外缘翅脉间隐约显灰褐色线纹。腹面斑纹与背面相似，但前翅顶角及后翅翅色为淡黄色，后翅中室内有 1 条 Y 形纹，各翅脉间的 Y 形纹末端到达后翅外缘，基部有黄色斑。

1 年 1 代，成虫多见于 6～7 月。

验视标本：1♂，察隅县城，2019.Ⅵ.29，潘朝晖；1♂，八一镇，2016.Ⅶ.10，潘朝晖。

分布：西藏、四川、陕西、甘肃、云南。

66. 奥倍绢粉蝶 *Aporia Oberthüri* (Leech, 1890)*

中大型粉蝶。翅色白色。前翅背面翅脉两侧具黑边，向外缘逐渐加宽，翅脉间缀黑色箭状纹，外缘部分经常大对面积变暗。中室外围有长形白斑，中室端黑纹宽，向内扩散为阴影，中室内和下方各有 1 条白色纵斑。后翅翅面翅脉黑褐色，翅脉两侧黑边较前翅窄，翅脉间有箭状纹。腹面斑纹与背面相似，但后翅翅色发黄，基部有黄色斑，前、后翅翅脉间的箭状纹明显，末端几乎接近外缘。

1 年 1 代，成虫多见于 6 月。

验视标本：1♂，察隅龙古村，2017.Ⅵ.4，呼景阔；1♂，察隅龙古村，2017.Ⅵ.15，呼景阔。

分布：西藏、湖北、湖南、四川、陕西、甘肃。

67. 锯纹绢粉蝶 *Aporia goutellei* (Oberthür, 1886)*

中型粉蝶。翅背面白色。前翅背面散布有暗色鳞片，在中室端及前、后翅的外缘区比较多，前翅外缘常形成黑色宽带，亚外缘翅脉间的箭状纹较明显。中室端黑纹宽并向内扩散为阴影。后翅背面外缘翅脉黑色加宽，亚外缘翅脉间显黑色箭状纹。腹面斑纹与背面相似，但前翅顶角及后翅显黄色，基部有黄色斑。后翅箭状纹长，末端接近翅的外缘。

1 年 1 代，成虫多见于 6～7 月。

验视标本：1♂，波密，1996.Ⅵ.17，黄灏；1♂，察隅龙古村，2017.Ⅵ.15，呼景阔。

分布：西藏、四川、河南、陕西、甘肃、云南。

68. 马丁绢粉蝶 *Aporia martineti* (Oberthür, 1884)

中型粉蝶。雄蝶翅色白色，雌蝶淡黄色，有时散布暗色鳞片。前、后翅背面脉纹黑色，在内侧末端更细，中室端斑黑色较宽，翅脉两侧的黑边在雄蝶中退化，在雌蝶中明显加宽。腹面斑纹与背面相似，但后翅底色为不均匀分布的鲜黄色，翅脉间有淡白色线纹，两侧有浓重的黑边线，基部有橘黄色斑。

1年1代，成虫多见于6~7月。

验视标本：2♂♂，工布江达松多，2013.Ⅶ.5，潘朝晖。

分布：西藏、四川、云南、甘肃、青海。

69. 绢粉蝶 *Aporia crataegi* (Linnaeus, 1758)

中型粉蝶。雄蝶翅色白色，翅脉黑褐色。前翅背面外缘末端有烟灰色三角形斑纹。后翅翅脉较细，翅基黑色。雌蝶翅色整体偏赭黄色，翅脉褐色，前翅背面顶角泛黄色，中室及后缘呈半透明状。腹面斑纹与背面相似，但翅脉更清晰。基部无黄色斑。

1年1代，成虫多见于5~6月，幼虫以蔷薇科植物为寄主。

验视标本：1♂，察隅，2014.Ⅵ.18，潘朝晖；1♂，林芝，采集时间和采集人不详。

分布：西藏、北京、浙江、湖北、四川、甘肃；俄罗斯，日本，朝鲜半岛。

（一九）粉蝶属 *Pieris* Schrank，1801

中型粉蝶。翅背面白色，有时稍带黄色。前翅翅顶与外缘黑色，亚端常有1~2枚黑斑。雌蝶颜色比雄蝶深，黑斑比雄蝶发达。

本属世界广泛分布，中国已知20种。

70. 黑纹粉蝶 *Pieris melete* Menetres, 1857

中型粉蝶。雄蝶翅背面白色，脉纹黑色。前翅前缘及顶角黑色，外缘M脉各支的末端有黑斑点；亚外缘有1个明显的大黑斑及1个模糊的黑斑。后翅前缘外方有1个黑色长三角状斑，有些个体后缘脉端的黑色加粗。前翅腹面的顶角淡黄色，亚外缘下方的黑斑更明显。后翅腹面具黄色，基角处有1个橙色斑点，脉纹褐色明显。雌蝶翅基部淡黑褐色，黑色斑及后缘末端的条纹扩大，脉纹明显比雄蝶粗，后翅外缘有黑色斑列或横带，其余同雄蝶。

1年多代，成虫多见于2~9月。幼虫取食十字花科植物的叶片和荚果。

验视标本：1♀3♂♂，察隅龙古村，2018.Ⅳ.12，潘朝晖；1♂，察隅龙古村，2017.Ⅶ.15，潘朝晖；1♀，排龙，2019.Ⅳ.25，潘朝晖。

分布：西藏、河北、上海、浙江、安徽、福建、江西、河南、湖北、湖南、广西、四川、贵州、云南、陕西、甘肃；日本，朝鲜，西伯利亚地区。

71. 欧洲粉蝶 *Pieris brassicae* (Linnaeus, 1758)

中大型粉蝶。雄蝶翅背面白色。前翅前缘黑色，顶端部的黑斑沿外缘延伸超过翅宽的一半，亚端有2枚模糊的黑斑，通常有1枚消失。后翅前缘端部有1枚三角形黑斑。腹面前翅顶角淡黄褐色，2枚黑斑很明显；后翅黄色，密布黄褐色的细小鳞片。雌蝶翅淡黄白色，基部的黑色细鳞片更浓密；前翅亚端的2枚黑斑大而显著，后缘有1枚黑色纵条纹。夏型个体通常较大，后翅腹面黄色较浅，黑色细鳞片较稀少。

1年多代，成虫多见于4~9月，幼虫以十字花科植物为寄主。

验视标本：1♂，高原生态研究所，2018.Ⅳ.2，潘朝晖；1♂，波密易贡，2017.Ⅹ.7，潘朝晖。

分布：西藏、吉林，四川、云南、甘肃、新疆；印度，尼泊尔及中亚地区，欧洲。

72. 东方菜粉蝶 *Pieris canidia* (Sparrman, 1768)

中型粉蝶。雄蝶翅背面白色；前翅的前缘脉黑色，顶角有三角形黑斑，并与外缘的黑斑相连而延伸到近臀角处，黑斑的内缘呈锯齿状；亚端有 2 个黑斑，后翅前缘中部有 1 个黑斑；后翅外缘各脉端均有三角形的黑斑。翅腹面白色，除前翅 2 枚黑斑尚存外，其余斑均模糊。雌蝶斑纹较明显，腹面基部的黑鳞区较雄蝶宽。

1 年多代。

验视标本：1♀，米林 2 950 m，1974.Ⅷ.9，黄复生；2♂♂1♀，高原生态研究所，2014.Ⅴ.21，潘朝晖；1♂，高原生态研究所，2014.Ⅵ.10，潘朝晖；1♂，墨脱 80K，2017.Ⅶ.19，潘朝晖；1♂2♀♀，墨脱背崩，2017.Ⅴ.12，潘朝晖；1♂，西藏农牧学院农场，2014.Ⅳ.4，潘朝晖；1♂，高原生态研究所，2014.Ⅵ.10，潘朝晖。

分布：西藏、国内各地；土耳其，印度，越南，老挝，缅甸，柬埔寨，泰国，马来半岛，朝鲜半岛。

73. 维纳粉蝶 *Pieris venata* Leech, 1891

中小型粉蝶。雄蝶翅背面白色泛黄，翅脉黑色；亚端有 1 条松散的宽黑带；前缘和外缘有狭窄的黑边。后翅基部散布黑色鳞片，外缘有很窄的黑边。翅腹面前翅白色，顶角区泛黄色；黑色脉纹较前翅粗；没有黑色斑带。后翅底色泛黄，黑色脉纹较前翅粗；中室内有 1 条脉状宽条纹；各边缘有狭窄的黑色边。后翅腹面橙黄色，脉纹很粗。雌蝶前、后翅翅面黄色较浓，黑色脉纹明显加粗，前翅亚端的黑带伸达 A 脉。腹面同雄蝶，但后翅的黄色更浓。

成虫多见于 5～9 月。

验视标本：1♂，察隅县城，2017.Ⅶ.16，潘朝晖；2♂♂，察隅县城，2019.Ⅵ.29，潘朝晖。

分布：西藏、四川、甘肃。

74. 春丕粉蝶 *Pieris chumbiensis*（de-Nicéville, 1897）

中型粉蝶。雄蝶翅背面白色，前翅基部淡黑色；中室端部的黑斑发达，月牙形；亚端有 1 枚明显的圆形大斑及 1 枚模糊的小斑；顶角斑较窄；外缘有窄的黑边。后翅基部散布黑色鳞片；中室端脉黑色；翅脉末端有黑色小斑点；亚端有 1 列模糊的黑斑。翅腹面前翅淡白色，顶角区泛黄色；端部的黑色脉纹宽；亚端近臀角处另有 1 枚模糊的黑斑。后翅底色黄，肩区橙黄色；黑色脉纹及中室内的脉状条纹宽而明显；亚端的黑色鳞片形成模糊的横带。雌蝶前后翅的亚端斑形成横带，其余同雄蝶。

成虫多见于 6～7 月。

验视标本：1♂，当雄 4 300 m，1960.Ⅵ.18，李传隆（中国科学院动物研究所标本）。

分布：西藏；印度。

75. 杜贝粉蝶 *Pieris dubernardi* Oberthür, 1884

中型粉蝶。雄蝶翅背面淡白色，前翅基部散布黑色鳞片；翅脉黑色，向翅顶和外缘加宽；中室端部的松散黑斑发达；亚端斑大而明显；外缘有狭窄的黑边。后翅背面基部散布黑色鳞片；黑色的翅脉向外缘加宽；

亚端有 1 列松散的黑斑，前缘 1 枚大而显著；外缘有狭窄的黑边。翅腹面淡白色，顶角区泛黄色；黑色脉纹宽；亚端斑位于翅后半部。后翅腹面底色黄，肩区橙黄色；黑色脉纹及中室内的脉状条纹宽而明显；亚端的黑色鳞片形成明显的疏散横带；外缘有狭窄的黑色边。雌蝶触角腹面的银灰色环比雄蝶更明显。

成虫多见于 6 ~ 8 月。

验视标本：1♂，芒康荣喜，1976. Ⅵ. 26（中国科学院动物研究所标本）。

分布：西藏、云南、四川、甘肃。

76. 黑边粉蝶 *Pieris melaina* Röber, 1907

中型粉蝶。雄蝶翅背面乳白色，脉纹黑色。前翅前缘黑色；顶角黑色较宽，与亚外缘中部的大黑斑连为一体；臀角附近有 1 个模糊的黑斑。后翅前缘外方有 1 个黑色豆芽状斑。前翅腹面的顶角淡黄色，臀角附近的黑斑及脉纹更明显。后翅腹面具黄色鳞粉，基角处有 1 个橙色斑点，脉纹黑色明显。雌蝶翅背面基部淡黑褐色，黑色斑及后缘末端的条纹扩大，形成宽阔的黑边；后翅外缘有宽阔而松散的黑色斑列或横带，其余同雄蝶。

成虫多见于 6 ~ 7 月。

验视标本：1♀，亚东，1960. Ⅶ. 25，李传隆；1♂，波密易贡，2018. Ⅵ. 5，潘朝晖。

分布：西藏、四川；尼泊尔，印度。

77. 王氏粉蝶 *Pieris wangi* Huang, 1998

中型粉蝶。雄蝶翅背面淡白色，前翅基部散布黑色鳞片；翅脉黑色，向翅顶和外缘加宽；中室下缘明显粗黑；中室端部的黑斑发达；亚端的黑斑与中室端斑相连而形成 1 条完整的弧形横带；外缘有阔的黑边。后翅基部散布黑色鳞片；黑色的翅脉向外缘加宽；亚端有 1 条月牙形的黑带；外缘有狭窄的黑边。前翅腹面淡白色，顶角区泛黄色；黑色脉纹宽而明显；亚端斑位于翅后半部。后翅腹面底色黄，肩区橙黄；黑色脉纹及中室内的脉状条纹宽而明显；亚端的黑色鳞片形成模糊的横带；外缘有狭窄的黑色边。雌蝶前、后翅的亚端带均较雄蝶发达，基半部的白色区域明显缩小，且散布有较多的黑色鳞片。后翅背面的脉纹明显加粗，几乎等宽地伸达翅外缘。

成虫多见于 8 ~ 9 月。

验视标本：1♂，墨脱，1995. Ⅷ. 24，采集人不详（中国科学院动物研究所标本）。

分布：西藏。

①♂
锯粉蝶
墨脱达木村 2017-07-26

❶♂
锯粉蝶
墨脱达木村 2017-07-26

②♂
完善绢粉蝶
察隅 2015-06-23

❷♂
完善绢粉蝶
察隅 2015-06-23

③♂
完善绢粉蝶
易贡 2017-06-05

❸♂
完善绢粉蝶
易贡 2017-06-05

④♂
三黄绢粉蝶
墨脱汗密 2013-07-12

❹♂
三黄绢粉蝶
墨脱汗密 2013-07-12

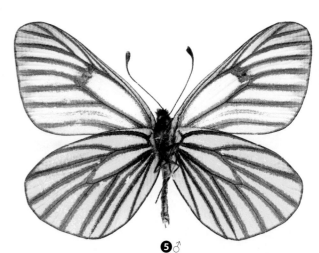

⑤♂
暗色绢粉蝶
察隅龙古村 2014-06-20

❺♂
暗色绢粉蝶
察隅龙古村 2014-06-20

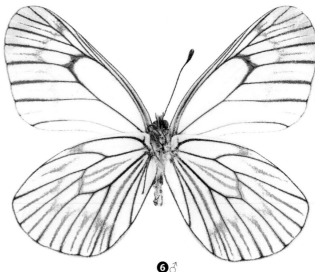

⑥♂
丫纹绢粉蝶
察隅县城 2019-06-29

❻♂
丫纹绢粉蝶
察隅县城 2019-06-29

⑦♂
丫纹绢粉蝶
八一镇 2016-07-10

❼♂
丫纹绢粉蝶
八一镇 2016-07-10

⑧♂
奥倍绢粉蝶
察隅龙古村 2017-06-04

❽♂
奥倍绢粉蝶
察隅龙古村 2017-06-04

⑨♂
锯纹绢粉蝶
波密 1996-06-17

❾♂
锯纹绢粉蝶
波密 1996-06-17

⑩♂
锯纹绢粉蝶
察隅龙古村 2017-06-15

❿♂
锯纹绢粉蝶
察隅龙古村 2017-06-15

⑪♂
马丁绢粉蝶
松多 2013-07-05

⓫♂
马丁绢粉蝶
松多 2013-07-05

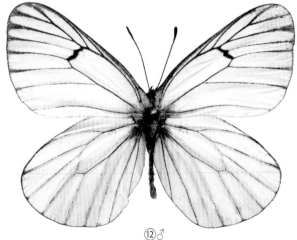

⑫♂
马丁绢粉蝶
松多 2013-07-05

⓬♂
马丁绢粉蝶
松多 2013-07-05

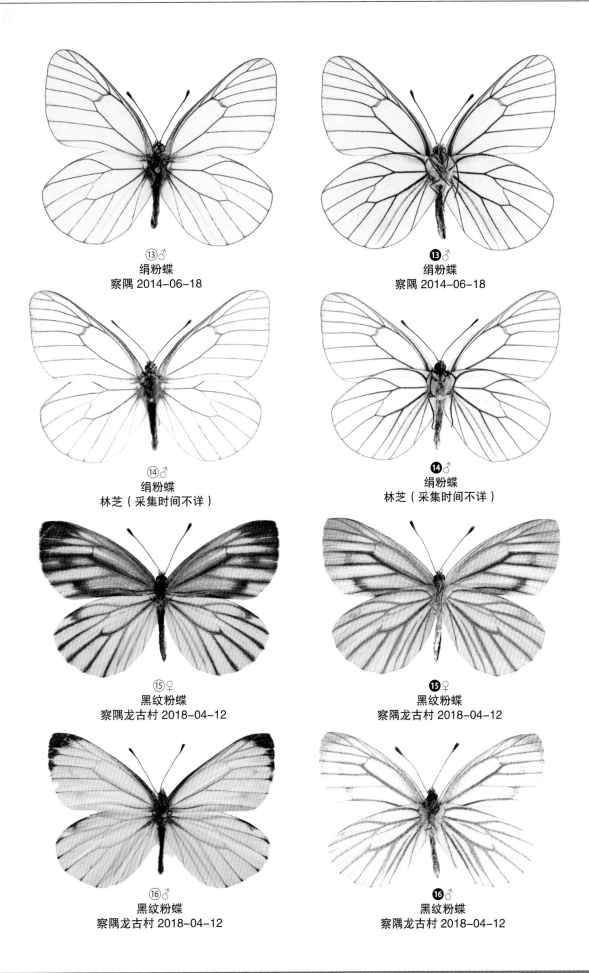

⑬♂
绢粉蝶
察隅 2014-06-18

⑬♂
绢粉蝶
察隅 2014-06-18

⑭♂
绢粉蝶
林芝（采集时间不详）

⑭♂
绢粉蝶
林芝（采集时间不详）

⑮♀
黑纹粉蝶
察隅龙古村 2018-04-12

⑮♀
黑纹粉蝶
察隅龙古村 2018-04-12

⑯♂
黑纹粉蝶
察隅龙古村 2018-04-12

⑯♂
黑纹粉蝶
察隅龙古村 2018-04-12

⑰♂
黑纹粉蝶
察隅龙古村 2018-04-12

⑰♂
黑纹粉蝶
察隅龙古村 2018-04-12

⑱♂
黑纹粉蝶
察隅龙古村 2018-04-12

⑱♂
黑纹粉蝶
察隅龙古村 2018-04-12

⑲♀
黑纹粉蝶
排龙 2019-04-25

⑲♀
黑纹粉蝶
排龙 2019-04-25

⑳♂
黑纹粉蝶
察隅龙古村 2017-07-15

⑳♂
黑纹粉蝶
察隅龙古村 2017-07-15

㉑♂
欧洲粉蝶
高原生态研究所 2018-04-02

㉑♂
欧洲粉蝶
高原生态研究所 2018-04-02

㉒♂
欧洲粉蝶
易贡 2017-10-07

㉒♂
欧洲粉蝶
易贡 2017-10-07

㉓♀
东方菜粉蝶
米林 1974-08-09

㉓♀
东方菜粉蝶
米林 1974-08-09

㉔♂
东方菜粉蝶
高原生态研究所 2014-05-21

❷❹♂
东方菜粉蝶
高原生态研究所 2014-05-21

㉕♂
东方菜粉蝶
高原生态研究所 2014-05-21

❷❺♂
东方菜粉蝶
高原生态研究所 2014-05-21

㉖♀
东方菜粉蝶
高原生态研究所 2014-05-21

❷❻♀
东方菜粉蝶
高原生态研究所 2014-05-21

㉗♀
东方菜粉蝶
墨脱背崩 2017-05-12

㉗♀
东方菜粉蝶
墨脱背崩 2017-05-12

㉘♂
东方菜粉蝶
墨脱 2017-07-19

㉘♂
东方菜粉蝶
墨脱 2017-07-19

㉙♂
东方菜粉蝶
墨脱背崩 2017-05-12

㉙♂
东方菜粉蝶
墨脱背崩 2017-05-12

③⓪ ♀
东方菜粉蝶
墨脱背崩 2017-05-12

❸⓿ ♀
东方菜粉蝶
墨脱背崩 2017-05-12

㉛ ♂
东方菜粉蝶
西藏农牧学院 2014-04-04

❸❶ ♂
东方菜粉蝶
西藏农牧学院 2014-04-04

㉜ ♂
东方菜粉蝶
高原生态研究所 2014-06-10

❸❷ ♂
东方菜粉蝶
高原生态研究所 2014-06-10

㉝ ♂
维纳粉蝶
察隅县城 2017-07-16

❸❸ ♂
维纳粉蝶
察隅县城 2017-07-16

㉞ ♂
维纳粉蝶
察隅县城 2019-06-29

❸❹ ♂
维纳粉蝶
察隅县城 2019-06-29

㉟ ♂
维纳粉蝶
察隅县城 2019-06-29

❸❺ ♂
维纳粉蝶
察隅县城 2019-06-29

㊱ ♂
春丕粉蝶
当雄 1960-06-18

㊱♂
春丕粉蝶
当雄 1960-06-18

㊲ ♂
杜贝粉蝶
芒康荣喜 1976-06-26

㊲♂
杜贝粉蝶
芒康荣喜 1976-06-26

㊳ ♀
黑边粉蝶
亚东 1960-07-25

㊳♀
黑边粉蝶
亚东 1960-07-25

㊴ ♂
边粉蝶
易贡 2018-06-05

㊴ ♂
黑边粉蝶
易贡 2018-06-05

㊵ ♂
王氏粉蝶
墨脱 1995-08-24

㊵ ♂
王氏粉蝶
墨脱 1995-08-24

（二〇）云粉蝶属 *Pontia* Fabricius, 1807

中小型粉蝶。触角约为前翅长的一半，锤角突然膨大。背面中室端部有 1 个大的灰褐色到黑色斑，斑上的中室端脉白色，顶角区灰褐色到黑色，外缘有 1 列或大或小的白斑，亚外缘在近臀角处通常有 1 个方形斑。腹面斑纹与背面相似，颜色为黄绿色。雄蝶后翅背面白色。雌蝶后翅背面有褐色到黑色的亚外缘斑；外缘有斑，并与亚外缘斑相连。腹面黄色到褐色，中域和外缘各有 1 列白斑，中室内也有白斑。

分布在古北区、新北区和非洲热带区，国内已知 3 种。

78. 云粉蝶 *Pontia edusa*（Fabricius, 1777）

中小型粉蝶。雄蝶前翅背面白色，有 1 个大的黑色中室端斑，顶角到近臀角处有宽的黑色外缘带，其上有 3 ~ 4 个小白斑，白斑有 1 条白线连到翅缘。腹面中室基半部覆黄绿色鳞粉，其余斑纹都与背面相似，颜色为黄绿色。后翅背面前缘中部有 1 个黑斑。后翅腹面黄绿色，从前缘经外缘到内缘有 9 ~ 10 个近圆形的短白斑，中域有 1 条白带，中室内有 1 白斑。雌蝶前翅背面基部和前缘的基部到中室端斑处都密布黑褐色鳞粉。后翅背面亚外缘有 1 条褐色带。

成虫多见于 4 ~ 10 月。

验视标本：1♂，墨脱背崩 850 m，1983. Ⅴ. 23，韩寅恒（中国科学院动物研究所标本）。

分布：西藏、北京、河北、内蒙古、山西、辽宁、吉林、黑龙江、上海、江苏、山东、河南、广西、四川、云南、宁夏、甘肃、新疆；印度，西伯利亚，欧洲，北非至埃塞俄比亚。

79. 箭纹云粉蝶 *Pontia callidice*（Hübner, 1800）

小型粉蝶。雄蝶翅背面白色，中室端部有明显的长方形斑，外中域有 1 条不连续的黑带，外缘有 5 个箭状黑斑。后翅背面翅基部中后部密布黑色鳞粉；亚外缘中部有 2 个斑；中室端斑颜色较浅，其他翅室的亚外缘可透视翅腹面斑；腹面黄白色，翅脉上有黄褐色粗条，亚外缘有箭状斑。雌蝶前翅翅面白色，中室端斑大而黑，呈长方形，外中域黑带十分明显，并与外缘带连在一起，有 5 个亚外缘白斑。后翅背面比雄蝶黑色的部分多，中室的基部及其后方大部都被黑色鳞粉；亚外缘有箭状；中室端斑较大，黑色，中央有 1 条白线。

成虫多见于 5 ~ 8 月。

验视标本：1♂，札达，1976. Ⅶ. 6，黄复生，4 700 m（中国科学院动物研究所标本）。

分布：西藏、青海、新疆；欧洲，印度西北部。

80. 绿云粉蝶 *Pontia chloridice* (Hübner, [1813])

中小型粉蝶。雄蝶前翅背面白色，中室端部有肾形黑斑，其上有 1 条白线；顶角突出，外缘有 1 排逐渐变小的黑条斑；亚顶角有 1 条不规则形状的横带。腹面与背面斑纹相同，颜色为绿色。后翅背面白色，基部被黑色鳞粉；腹面黄褐色，前缘经外缘到内缘有 9 ~ 10 个楔形白斑，中室内有 1 个白色斑，中域有 1 条不规则白带。雌蝶前翅背面外缘带较宽而明显，亚外缘带完整，中室端斑较大，方形；腹面斑纹黄绿色，有 2 个黑褐色斑。后翅背面外缘有 5 ~ 6 个黑斑；中部有黑色的亚外缘带，并逐渐减淡。

成虫多见于 4～9 月，幼虫以欧白芥属、大蒜芥属、播娘蒿属等植物为寄主。

验视标本：1♂，西藏（采集人和时间地点不详）。

分布：西藏、北京、内蒙古、吉林、黑龙江、新疆、甘肃、青海；阿富汗，巴基斯坦，伊朗，土耳其，蒙古，俄罗斯，印度北部，朝鲜半岛。

（二一）侏粉蝶属 *Baltia* Moore, 1878

小型粉蝶。头部与胸部多毛。下唇须第 3 节细。触角细，约为前翅长一半，锤状部大而明显；触角干上有黑白相间的细环。跗节没有爪垫和爪间突。前翅 R 脉 4 支。后翅卵圆形。

分布在古北区，国内已知 2 种。

81. 芭侏粉蝶 *Baltia butleri* (Moore, 1882)

小型粉蝶。雄蝶底色白色，翅基部散布有浓密的黑色鳞片。前翅中室端斑明显；外带为 1 个亚三角形的短斑；外缘有 1 列三角形的黑斑。后翅背面底色均匀，中室端斑 2 枚。雌蝶与雄蝶相似，但翅背面散布有更多的黑色鳞片，黑色斑纹更明显，特别是前翅的外带，通常连续而明显。后翅腹面底色淡黄，翅脉白色，两侧有宽的黑边。

成虫多见于 6～8 月。

验视标本：1♂，德姆拉山，2002. Ⅵ. 21，罗大庆。

分布：西藏、青海、新疆；印度北部。

（二二）襟粉蝶属 *Anthocharis* Boisduval, Rambur & Graslin, [1833]

小型粉蝶。二型性特征发达。雄蝶翅白色，前翅顶角多具有橙色或黄色斑纹，后翅背面白色，腹面密布不规则的绿色、棕黄色的云状斑。雌蝶与雄蝶相似，前翅正面顶角区域的橙黄色部分为白色。

分布于古北区，国内已知 5 种。

82. 皮氏尖襟粉蝶 *Anthocharis bieti* (Oberthür, 1884)

小型粉蝶。翅白色，雄蝶前翅顶角尖出，略钝，中室具黑斑，亚顶角到端斑具有 1 个大的橙黄色斑，反面与正面相似，颜色较淡，顶角一般为白色。后翅正面白色，稍带黄色，反面密布棕黄色云状斑。雌蝶与雄蝶相似，顶角的橙黄色斑消失，呈现白色。

1 年 1 代，成虫多见于 4～6 月。飞行较为缓慢，喜访花。多见于林中空地及森林与草原交界地带。幼虫以十字花科植物为寄主。

验视标本：1♀，松多，2013. Ⅶ. 5，潘朝晖；1♀；德姆拉山，2002. Ⅵ. 21，罗大庆。

分布：西藏、四川、云南、贵州、青海、新疆。

①♂
云粉蝶
墨脱背崩 1983-05-23

❶♂
云粉蝶
墨脱背崩 1983-05-23

②♂
箭纹云粉蝶
札达 1976-07-06

❷♂
箭纹云粉蝶
札达 1976-07-06

③♂
绿云粉蝶
西藏（采集时间地点不详）

❸♂
绿云粉蝶
西藏（采集时间地点不详）

④♂
芭侏粉蝶
德姆拉山 2002-06-21

❹♂
芭侏粉蝶
德姆拉山 2002-06-21

⑤♀
皮氏尖襟粉蝶
松多 2013-07-05

❺♀
皮氏尖襟粉蝶
松多 2013-07-05

⑥♂
皮氏尖襟粉蝶
德姆拉山 2002-06-21

❻♂
皮氏尖襟粉蝶
德姆拉山 2002-06-21

三、蛱蝶科 Nymphalidae

（二三）暮眼蝶属 *Melanitis* Fabricius, 1807

中至大型眼蝶。前翅外缘近顶角有角状突出，后翅外缘带小尾突。翅背面呈褐色或深褐色，前翅顶角附近多带明显眼斑，腹面褐色为主，斑纹多变。

分布于东洋区、非洲区、澳洲区，国内已知 3 种。

83. 暮眼蝶 *Melanitis leda* (Linnaeus, 1758)*

中型眼蝶。身体呈褐色，腹面颜色较淡。前翅近乎直角三角形，外缘近顶角有角状突出，后翅外缘有小尾突。翅背呈褐色，前翅近顶区有 1 个内带 2 个白斑的椭圆形黑色眼纹，后翅外缘区近臀角有 2 ~ 3 个圆形眼纹；旱季型底色呈土黄色至褐色，夏型浅黄色，布满灰褐色细横纹，眼状纹退化甚至消失，前后翅具暗褐色横带。

1 年多代，幼虫取食禾本科芒属、荩竹属植物。

验视标本：1♀，墨脱，2011.Ⅷ.14，潘朝晖；1♂，墨脱，2016.Ⅷ.3，潘朝晖。

分布：西藏、山东、河南、陕西、四川、云南、浙江、湖南、湖北、广西、海南、广西、福建、江西、台湾；日本，东南亚各国，澳大利亚。

84. 睇暮眼蝶 *Melanitis phedima* (Crmamer,[1780])

中大型眼蝶。外形与暮眼蝶相似，区别在于本种翅形相较略为宽阔；雄蝶背面呈深褐色，湿季型前翅眼纹不明显；旱季型个体前翅的橙色纹常扩散至眼纹四周；本种翅腹面底色较暮眼蝶色深，湿季型个体尤其明显。

1 年多代，成虫在南方全年可见，幼虫取食禾本科芒属、荩竹属植物。

验视标本：1♀，墨脱背崩 810 m，1983.Ⅲ.19，韩寅恒。

分布：西藏、江西、云南、福建、台湾、广东、广西、海南；印度，越南，泰国，缅甸，日本南部。

①♀
暮眼蝶
墨脱 2011-08-14

❶♀
暮眼蝶
墨脱 2011-08-14

②♂
暮眼蝶
墨脱 2016-08-03

❷♂
暮眼蝶
墨脱 2016-08-03

③♀
睇暮眼蝶
墨脱背崩 1983-03-19

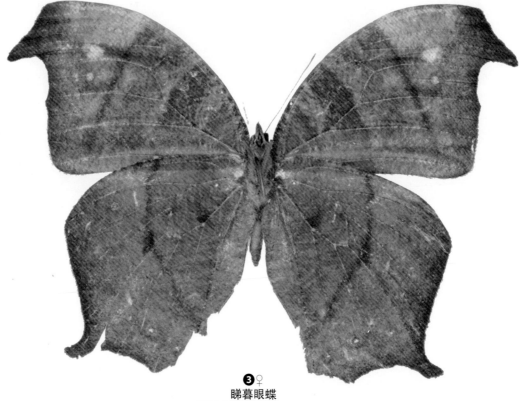

❸♀
睇暮眼蝶
墨脱背崩 1983-03-19

（二四）黛眼蝶属 *Lethe* Hübner, [1819]

中小型眼蝶。雌雄斑纹相似或相异，部分雄蝶有性标。前翅顶角略向外突出，很多种类后翅具尾突。翅背面以黑褐色和灰褐色为主，斑纹较少，腹面斑纹变化多端，后翅亚外缘有明显的眼斑。

分布于东洋区、古北区及新北区，国内已知约 100 种。

85. 玉带黛眼蝶 *Lethe verma* (Kollar, [1844]) *

中型眼蝶。雌雄斑纹相似，翅背面底色黑褐色，中央有 1 条宽阔的白色斜带，由前缘中部倾斜至后角，后翅亚缘线有一列模糊眼斑；翅腹面棕褐色，前翅顶角处有 3 个眼斑，后翅外中区及内中区各有 1 条紫白色中带，外侧中带曲折，亚外缘有 6 个眼斑，瞳心为白，外围包裹灰白纹，其中最上方眼斑硕大，最下方眼斑小，双瞳。

1 年 1 代，成虫多见于 5 ~ 8 月，幼虫以禾本科荞竹属植物为寄主。

验视标本：1♂，墨脱 108K，2016. Ⅷ.1，潘朝晖。

分布：西藏、浙江、福建、江西、广东、台湾、海南、广西、云南、四川；印度，尼泊尔，缅甸，泰国，老挝，越南，马来西亚等。

86. 曲纹黛眼蝶 *Lethe chandica* Moore, [1858]

中大型眼蝶。雄蝶前翅呈三角形，后翅具尾突，翅背面黑褐色，其中基半部色深，端半部色浅，翅腹面棕褐色，前、后翅中部有 2 条红棕色中带贯穿全翅，其中后翅外横带的中部强烈向外凸出，前后翅亚外缘分别有 5 个和 6 个眼斑，其中后翅眼斑内黑纹形状不规则。雌蝶背面呈红褐色，前翅中央有鲜明的倾斜白带，后翅亚外缘有明显的黑斑。

1 年多代，成虫几乎全年可见，幼虫以禾本科多种竹属植物为寄主。

验视标本：1♂，墨脱背崩，2017. Ⅴ.12，潘朝晖。

分布：西藏、浙江、福建、广东、广西、云南、台湾；印度，缅甸，泰国，越南，老挝，菲律宾。

87. 迷纹黛眼蝶 *Lethe maitrya* de Nicéville, 1881*

中型眼蝶。翅褐色，雄蝶前翅正面有从翅反面透出来的淡色斜带和前缘端斑。反面中室有 1 个短斜斑；后翅反面基部横穿银色线，较规则而且明显，亚端眼纹列大（眼纹无黄色环）。

验视标本：1♂，墨脱 80K，2016. Ⅶ.30，潘朝晖；1♂，墨脱 80K，2014. Ⅷ.1，潘朝晖；1♀，色季拉山东坡，2020. Ⅷ.1，潘朝晖。

分布：西藏、云南；尼泊尔，印度锡金邦，不丹，喜马拉雅西北部，欧洲。

88. 固匿黛眼蝶 *Lethe gulnihal* de Nicéville, 1887*

中型眼蝶。雄蝶背面灰褐色，无斑纹，近后缘处颜色较重，外缘中部向内微曲，臀角较大（钝）；后翅中区 r_2 室和 m_1 室内有一大深色斑、m_3 室有一条状小深斑；雄蝶腹面棕褐色，前翅中室及中室端有 3 条红棕色线条，亚外缘有 4 个眼斑，后翅外中区和内中区各有 1 道深棕色的中带，2 条中带几乎平行，亚外缘有 6 个眼斑，瞳心为白，外中区近前缘处有 1 大眼斑，瞳心为白。

验视标本：1♂，墨脱，2013.Ⅶ，郎嵩云。

分布：西藏。

89. 华山黛眼蝶 *Lethe serbonis* (Hewtison, 1876)

中型眼蝶。雄蝶翅背面灰褐色，缺少斑纹，后翅亚外缘有 4 个小眼斑，翅腹面棕褐色，前翅中室内有 1 条深色纹，中室外侧有 1 条深色中线，近前缘处外侧有淡色斑，亚顶角处有 2 个小眼斑，后翅外中区和内中区各有 1 道深棕色的中带，2 条中带几乎平行，亚外缘有 6 个眼斑，瞳心为白。

成虫多见于 7 ~ 8 月。

验视标本：1♂，墨脱汗密，2013.Ⅶ.29，潘朝晖。

分布：西藏、四川、陕西、甘肃、云南；印度，不丹，缅甸。

90. 珍珠黛眼蝶 *Lethe margaritae* Elwes, 1882

大型眼蝶。雄蝶前翅顶角凸出，后翅呈椭圆形，翅背面灰褐色，前翅中部隐约可见 1 条淡黄色斜带，外侧有 1 条直的淡黄色带，其内隐约可见数个眼斑，2 条黄带在后角处汇合，形成 V 形，后翅外缘有黄色细纹，亚外缘有 6 个大型眼斑，其中最上和最下的眼斑隐约可见，中部有 1 条模糊倾斜中带，翅背面斑纹与背面相似，但黄带清晰显眼，前翅外缘排列有 1 串 5 个眼斑，后翅眼斑外围为黄斑，显眼。

成虫多见于 7 ~ 8 月。

验视标本：1♂，墨脱 80K，2014.Ⅷ.1，潘朝晖；1♂，墨脱 80K，2016.Ⅶ.30，潘朝晖。

分布：西藏；印度，不丹。

91. 西峒黛眼蝶 *Lethe sidonis* (Hewitson, 1863)

中型眼蝶。翅背面黑褐色，后翅外缘可见数个小黑斑，前翅腹面中部的深色横带不明显，外侧也无黄白色斑纹，亚外缘有 3 ~ 4 个小眼斑，后翅腹面底色较均匀，外中区的深色，中带不明显，但内侧的紫白色斑纹非常清晰且连续。

成虫多见于 5 ~ 7 月。

验视标本：1♂，波密易贡，2018.Ⅸ.9。

分布：西藏、云南；印度，尼泊尔，不丹，缅甸，越南。

92. 尖尾黛眼蝶 *Lethe sinorix* (Hewitson, [1863])

中型眼蝶。雄蝶翅背面灰褐色，亚外缘有 3 个白色斑，后翅具明显长尖的尾突。前翅背面亚外缘有 3 个圆形小斑，后翅亚外缘有 5 个黑色圆斑，其中 3 个较大，黑斑都被棕色纹包裹，前、后翅腹面各有 2 道红棕色中带，前翅外缘有 4 个眼斑，后翅亚外缘有 6 个小眼斑。雌雄前翅背面亚外缘均有 3 个小黄点，后翅有黑色眼斑。

成虫多见于 6 ~ 9 月，幼虫以禾本科多种竹属植物为寄主。

验视标本：1♂，墨脱汗密，2013.Ⅶ.15，潘朝晖。

分布：西藏、浙江、福建、广东、广西；印度，缅甸，泰国，老挝，越南，马来西亚。

93. 贝利黛眼蝶 *Lethe baileyi* South, 1913

中型眼蝶。雄蝶前翅三角形，后翅有短尾突，翅背面黑褐色，前翅中室端外至后缘中部有 1 条宽阔的黑色性标，前翅前缘中部沿中室端部有 1 条黑色横纹与性标相连，后翅亚外缘有黑色圆斑；翅腹面色泽淡，前翅中室内有 1 个淡色斑，后翅外中区有 1 条深色横带，内中区有 1 条深色短带，后翅臀角有 1 个白色三角斑，亚外缘眼斑中最下方近臀角的眼斑内有 2 个相连小黑斑。雌雄斑纹与雄蝶类似，但前翅背面无黑色性标。

成虫多见于 5 ~ 6 月。

验视标本：1♂，排龙，2019.Ⅶ.18，潘朝晖。

分布：西藏、云南；印度，缅甸。

94. 云纹黛眼蝶 *Lethe elwesi* (Moore, 1892) *

中型眼蝶。雄蝶前翅呈三角形，后翅有尾突，翅背面褐色至灰褐色，前翅亚顶角有模糊白色短斑，中部有 1 条 "3" 字形白色斑列内镶 "3" 字形深色带，中室中部有一白色横斑，后翅亚外缘有 5 个眼斑；腹面偏黄，前翅斑纹与背面相似，但颜色深，近顶角处有数个小眼斑，瞳心为白色，后翅中部 1 条深色带，中部内凸，基部有淡黄色环纹，其外有 1 条深色短带，短带与中带区间为乳黄色，亚外缘有 1 列眼斑，瞳心为紫白色斑点。雌蝶斑纹与雄蝶类似，但前翅更圆阔。

成虫多见于 6 ~ 7 月。

验视标本：1♂，墨脱，2014.Ⅶ.15，潘朝晖。

分布：西藏、云南；缅甸。

95. 深山黛眼蝶 *Lethe hyrania*（Kollar, 1844）*

中小型眼蝶。雄蝶翅背面棕褐色，前翅中室外侧有模糊的浅色斜线，顶端有 2 小白斑，一个相对模糊一个相对清晰些，后翅亚外缘有 6 个黑色眼斑；翅腹面褐色，前后翅外缘细带纹，前翅中室中央有 2 条红褐色细线，中部有浅色斜线，亚顶角处有 3 个眼斑，后翅中央有 2 道红褐色条斑，中室外侧有一条褐色线纹贯穿翅面，靠前缘一段镶白色斑，外缘有弧状排列的眼斑，眼斑外套白色环纹，后翅中部有 2 条褐色斜带，亚外缘有 6 个眼斑，最下方一个眼斑是双瞳，其他 5 个眼斑各有 1 个白瞳，最上方眼斑最大，近臀角及后缘的眼斑外常有红褐色纹。雌蝶前翅背面近顶角处有清晰一列白色小斑，中央有 1 条白色宽阔倾斜的白带，其余和雄蝶一致。

1 年多代，多见于 4 ~ 8 月，幼虫以禾本科多种竹属植物为寄主。

验视标本：1♂1♀，墨脱 80K，2016.Ⅶ.30，潘朝晖。

分布：浙江、福建、广东、台湾、广西、海南、云南、四川、西藏；印度，缅甸，泰国，老挝，越南。

96. 帕拉黛眼蝶 *Lethe bhairava* (Moore, 1857)

中型眼蝶。雄蝶翅背面黑褐色，前翅靠顶角处有 1 个淡黄色小斑，后翅中室下方有 1 条椭圆形暗黑色性标，亚外缘有数个黑色圆斑，翅腹面为深棕褐色，前翅中部横线直，亚外缘有 4 个眼斑，后翅外中区及内中区各有 1 条中带，外缘有 6 个眼斑，其中最上方眼斑靠近外横带。

成虫多见于 5 ~ 7 月。

验视标本：1♂，墨脱，2013.Ⅶ，郎嵩云。

分布：西藏；印度，不丹，尼泊尔，缅甸，泰国，越南。

97. 李斑黛眼蝶 *Lethe gemina* Leech, 1891*

中型眼蝶。翅背面棕褐色，前翅近顶角有 1 个黑色眼状斑，后翅亚外缘有 5 个眼斑，其中 m_2 室缺；翅腹面红棕色，前后翅外缘线为橙黄色，伴有 1 条细小白边，后翅外中区有 1 条深色带，中部扭曲，向外凸出，中室端有 1 条深色纹，外缘有 3 个眼斑，外横带黄褐色，中部向外凸出，中室端线黄褐色。

成虫多见于 6 ~ 7 月。

验视标本：1♂，墨脱，2014. Ⅶ，郎嵩云。

分布：西藏、四川、浙江、福建、台湾、广西；印度，越南。

98. 高帕黛眼蝶 *Lethe goalpara* (Moore, [1866])

中大型眼蝶。雄蝶翅背面黑褐色，前翅外缘有 1 道暗色纹，后翅尾突明显，亚外缘有 5 个大型黑斑，外围有黄纹，外缘有金黄色细带；翅腹面黄褐色，前翅中室及中室端有 3 道暗色斑，外侧有深色横带，顶角处有白纹，亚外缘有 3 个小眼斑，后翅基部有 1 条深褐色带，外中区和内中区分别有 1 条中带，外中区中带弯曲，贯穿全翅，中带内外区色泽不同，其中外侧暗褐色，内侧黄褐色，外缘有金黄色细带，臀角处有 1 个三角形银白斑，亚外缘有 6 个眼斑。

成虫多见于 7 ~ 8 月。

验视标本：1♂，墨脱，2014. Ⅶ，郎嵩云。

分布：西藏、云南；印度，尼泊尔，缅甸，越南。

99. 戈黛眼蝶 *Lethe gregoryi* Watkins,1927*

中型眼蝶。翅背面褐灰色，前翅中室有 2 个深色横斑夹一浅白色斑，中部的深色带内侧较直，外侧锯齿状镶一列浅白色斑列，亚顶区有几个较小白斑，外缘褐色，亚缘线深灰褐色，后翅中部的深色带下部锯齿状明显，亚外缘有 6 个黑色眼斑，外套黄白圈；前、后翅腹面底色灰褐色，斑纹同背面类似，但斑纹更加清晰。后翅外中区深色带与内中区的深色短带区间为均匀的淡黄白色斑，亚外缘有 6 个眼斑，最下方 1 个眼斑是蓝色双瞳，其他 5 个眼斑各有 1 个蓝色瞳。

成虫多见于 6 ~ 7 月。

验视标本：1♂，墨脱，2014. Ⅶ，郎嵩云。

分布：西藏、云南。

100. 直线黛眼蝶 *Lethe brisanda* de Niceville, 1886

中小型眼蝶。与深山黛眼蝶及华西黛眼蝶非常相似，但翅腹面色泽更深暗，发黑，前翅腹面亚顶角处的眼斑为 4 个，中部的斜线平直，前、后翅眼斑外围包裹着厚重的紫白色纹。

成虫多见于 5 ~ 6 月。

验视标本：1♂，墨脱，2004. Ⅵ. 23，黄灏。

分布：西藏；印度，尼泊尔。

101. 素拉黛眼蝶 Lethe sura (Doubleday，1849)

中型眼蝶。后翅尾突明显较长，且略向上翘，整体翅形更加修长，前翅背面隐约可见亚外缘区的深黑色鳞附着在翅脉上呈锯纹状，后翅背面淡色区窄，其内的黑斑大而圆。

成虫多见于 4 ~ 5 月。

验视标本：1♂，墨脱加拉萨 2 000 m，1982. XI. 9，林再。

分布：西藏、云南；印度，尼泊尔，缅甸，泰国，越南等。

102. 黑带黛眼蝶 Lethe nigrifascia Leech, 1890*

中型眼蝶。后翅尾突较弱，前翅中部的黑色性标相比显得稍细，性标的内缘略呈齿状。前翅腹面隐约可见背面的性标，后翅外中区的深色带更弯曲，内中区的深色短带向内倾斜，基部附近的紫白色环纹更显著。雌斑纹与雄蝶类似，但前翅背面无黑色性标。

成虫多见于 6 ~ 8 月。

验视标本：1♂，墨脱 2 750 m，1962. VIII. 20，韩演恒。

分布：西藏、河南、陕西、甘肃、湖北、宁夏、湖南。

分布：西藏、云南；印度，尼泊尔，缅甸，泰国，越南等。

（二五）荫眼蝶属 Neope Moore, 1866

中大型眼蝶。翅褐色至深褐色，翅背面具黄白色斑纹和眼斑，雄蝶前翅中域常具暗色性标；翅腹面具复杂的斑纹，中域外侧通常具 1 列眼斑。

分布于东洋区和古北区东南部。国内有 18 种。

103. 黑斑荫眼蝶 Neope pulahoides (Moore, [1892])

中大型眼蝶。翅背面深褐色，前翅中域翅脉呈黄色，雄蝶前翅中域无暗色性标；后翅腹面呈棕褐色，具许多深褐色和黄褐色斑纹，后翅中域外侧的眼斑较小。

1 年多代，成虫多见于 3 ~ 9 月。

验视标本：2♂♂，墨脱 80K，2013. VII. 30，潘朝晖。

分布：西藏、云南、四川；印度，尼泊尔。

104. 丝链荫眼蝶 Neope yama (Moore, [1858])

中大型眼蝶。雄蝶翅背面深褐色，翅外缘为黑色，前翅前缘近顶端具黄白色小斑，前翅近顶角以及后翅中域外侧具黑色的圆斑；翅腹面褐色。基部至中区有黑褐色、灰褐色的纵纹，前翅具 4 个眼斑，后翅有 7 个黑色的眼斑。雌蝶翅背面颜色较浅，中域外侧的黑褐色眼斑较显著。

成虫多见于 5 ~ 8 月。

验视标本：1♂，墨脱，2014. VII，郎嵩云。

分布：西藏、云南、四川；印度，不丹，缅甸。

105. 黄斑荫眼蝶 *Neope pulaha* (Moore, [1858])

中大型眼蝶。翅背面深褐色，前翅中域翅脉呈黄色，中域外侧具许多大小不等的黄斑，雄蝶前翅中域具暗色性标，后翅基部至中域颜色较淡，中域外侧具 1 列黄色斑，内具黑褐色圆斑；后翅腹面呈棕褐色，具许多深灰白色和淡黄褐色的波纹和环纹，后翅基部具 3 个小黄斑，后翅中域外侧具 7 个眼斑。

1 年多代，成虫多见于 4 ~ 9 月。

验视标本：1♂，墨脱，2014.Ⅶ，郎嵩云。

分布：西藏、陕西、浙江、福建、江西、广东、广西、台湾、四川、云南；印度，不丹，缅甸，老挝。

106. 普拉荫眼蝶 *Neope pulahina* (Evans, 1923)

中大型眼蝶。翅背面深褐色，翅基部至中域褐色，前翅基部至中域的翅脉黄色，雄蝶前翅中域具暗色性标，翅中域外侧的黄斑发达；前翅腹面黄色，有黑色或深褐色斑纹，后翅腹面黑褐色，中域外侧有灰褐色斑带，并具 8 个暗色的眼斑。

成虫多见于 5 ~ 6 月。

验视标本：1♂，墨脱 2 900 m，1982.Ⅺ.28，韩寅恒（中国科学院动物研究所标本）。

分布：西藏、云南；印度，不丹。

（二六）网眼蝶属 *Rhaphicera* Butler, 1867

中型眼蝶。翅背面黑褐色、黄色或橘红色，前后翅遍布不规则的斑纹，前后翅腹面眼斑明显。
分布于东洋区，国内已知 3 种。

107. 黄网眼蝶 *Rhaphicera satrica* (Doubleday, [1849])

中型眼蝶。雌雄斑纹相似，翅背面橘红色，前翅中室内有 2 条黑色斜带，顶角有 1 黑斑，下方中室外侧黑斑明显较大，底部有 1 条粗壮的橙色横条，后翅中部在中室下方侧有 1 条黑色横带，外缘有 1 列圆形黑斑；腹面斑纹类似背面，但色彩更淡，色泽更明亮，在后翅中室区域一带偏白，前、后翅外缘的眼斑瞳心为白点。

成虫多见于 7 ~ 8 月。

验视标本：1♂，墨脱 80K，2016.Ⅶ.30，潘朝晖。

分布：西藏、云南、四川；印度，不丹，尼泊尔，缅甸。

108. 摩氏黄网眼蝶 *Rhaphicera moorei* (Butler, 1867)

中型眼蝶。翅背面有橘红色斑块，黑色部分面积明显更大，前翅底部的橙色横条一般断裂，不连续。后翅腹面遍布黄灰色鳞。

成虫多见于 7 ~ 8 月。

验视标本：1♂，樟木，时间不详，郎嵩云。

分布：西藏、云南、四川；印度，不丹，尼泊尔，缅甸。

① ♂
玉带黛眼蝶
墨脱 2016-08-01

❶ ♂
玉带黛眼蝶
墨脱 2016-08-01

② ♂
曲纹黛眼蝶
背崩 2017-05-12

❷ ♂
曲纹黛眼蝶
背崩 2017-05-12

③♂
迷纹黛眼蝶
墨脱 2016-07-30

❸♂
迷纹黛眼蝶
墨脱 2016-07-30

④♂
迷纹黛眼蝶
墨脱 2014-08-01

❹♂
迷纹黛眼蝶
墨脱 2014-08-01

⑤♀
迷纹黛眼蝶
色季拉山东坡 2020-08-01

❺♀
迷纹黛眼蝶
色季拉山东坡 2020-08-01

⑥♂
固匿黛眼蝶
墨脱 2013-07- ??

❻♂
固匿黛眼蝶
墨脱 2013-07- ??

⑦♂
华山黛眼蝶
墨脱汗密 2013-07-29

❼♂
华山黛眼蝶
墨脱汗密 2013-07-29

⑧♂
珍珠黛眼蝶
墨脱 2014-08-01

❽♂
珍珠黛眼蝶
墨脱 2014-08-01

⑨♂
珍珠黛眼蝶
墨脱 2016-07-30

❾♂
珍珠黛眼蝶
墨脱 2016-07-30

⑩♂
西峒黛眼蝶
波密易贡 2018-09-09

❿♂
西峒黛眼蝶
波密易贡 2018-09-09

⑪♂
尖尾黛眼蝶
墨脱汗密 2013-07-15

❶♂
尖尾黛眼蝶
墨脱汗密 2013-07-15

⑫♂
贝利黛眼蝶
排龙 2019-07-18

❷♂
贝利黛眼蝶
排龙 2019-07-18

⑬♂
云纹黛眼蝶
墨脱 2014-07-15

❸♂
云纹黛眼蝶
墨脱 2014-07-15

⑭♀
深山黛眼蝶
墨脱 2016-07-30

❹♀
深山黛眼蝶
墨脱 2016-07-30

⑮♂
深山黛眼蝶
墨脱 2016-07-30

❶⑮ ♂
深山黛眼蝶
墨脱 2016-07-30

⑯♂
帕拉黛眼蝶
墨脱 2013-07-??

❶⑯♂
帕拉黛眼蝶
墨脱 2013-07-??

⑰♂
李斑黛眼蝶
墨脱 2014-07-？？

❶⑰♂
李斑黛眼蝶
墨脱 2014-07-？？

⑱♂
高帕黛眼蝶
墨脱 2014-07-？？

❶⑱♂
高帕黛眼蝶
墨脱 2014-07-？？

⑲♂
戈黛眼蝶
墨脱 2014-07-？？

🄵♂
戈黛眼蝶
墨脱 2014-07-？？

⑳♂
直线黛眼蝶
墨脱 2004-06-23

🄽♂
直线黛眼蝶
墨脱 2004-06-23

㉑♂
素拉黛眼蝶
墨脱加拉萨 1982-11-09

㉑♂
素拉黛眼蝶
墨脱加拉萨 1982-11-09

㉒♂
黑带黛眼蝶
墨脱 1962-08-20

㉒♂
黑带黛眼蝶
墨脱 1962-08-20

㉓♂
黑斑荫眼蝶
墨脱 2013-07-30

㉓♂
黑斑荫眼蝶
墨脱 2013-07-30

㉔♂
黑斑荫眼蝶
墨脱 2013-07-30

㉔♂
黑斑荫眼蝶
墨脱 2013-07-30

㉕♂
丝链荫眼蝶
墨脱 2014-07-??

❷❺♂
丝链荫眼蝶
墨脱 2014-07-??

㉖♂
黄斑荫眼蝶
墨脱 2014-07-??

❷❻♂
黄斑荫眼蝶
墨脱 2014-07-??

㉗ ♂
普拉荫眼蝶
墨脱 1982-11-28

㉗ ♂
普拉荫眼蝶
墨脱 1982-11-28

㉘ ♂
黄网眼蝶
墨脱 2016-07-30

㉘ ♂
黄网眼蝶
墨脱 2016-07-30

㉙ ♂
摩氏黄网眼蝶
樟木（采集时间不详）

㉙ ♂
摩氏黄网眼蝶
樟木（采集时间不详）

（二七）藏眼蝶属 *Tatinga* Moore, 1893

中型眼蝶。翅背面暗褐色，前翅端半部有斜列的几个淡黄褐色纹；后翅隐约可见黑色斑纹，腹面灰白色，斑纹黑褐色，但前翅端半部黑色，斑纹黄褐色，具 1 个小眼斑；后翅亚外缘有 6 个黑色圆斑，眼斑内有瞳点。分布有不规则的白色斑纹。

分布于古北区及东洋区，国内已知 1 种。

109. 藏眼蝶 *Tatinga thibetanus* (Oberthür, 1876)

中型眼蝶。翅背暗褐色，前翅端半部有斜列的几个淡黄褐色纹；后翅隐约可见黑色斑纹。腹面灰白色，斑纹黑褐色，但前翅端半部黑色，斑纹黄褐色，m_1 室有 1 个小眼斑；后翅亚外缘有 6 个黑色圆斑，第 1 个特别大，圆斑中心为小白点，外缘、中域和基部有不规则的同色斑纹。

1 年 1 代，成虫多见于 7~8 月。

验视标本：1♂，巴宜区，2017. Ⅶ.3，潘朝晖；1♀，巴宜区，2017. Ⅷ.1，潘朝晖；1♂，巴宜区，2018. Ⅶ.2，潘朝晖；1♂，察隅龙村，2014. Ⅸ.9，潘朝晖；1♂，高原生态研究所，2010. Ⅶ.20，潘朝晖。

分布：西藏、河北、北京、河南、陕西、宁夏、甘肃、湖北、四川、云南。

（二八）眉眼蝶属 *Mycalesis* Hübner, 1818

中小型眼蝶。翅底色为褐色，背面外侧有眼纹或完全无斑，多数前、后翅腹面中央各有 1 道浅色直纹，其外侧有 1 列眼纹。雄蝶翅上有性标，其位置及形态是物种鉴定的重要依据。

分布于东洋区、澳洲区北部和古北区东部，国内已知 16 种。

110. 拟稻眉眼蝶 *Mycalesis francisca* (Stoll, [1780])*

中小型眼蝶。翅背面底色深褐色，翅腹面中央的直纹和外缘区的窄纹淡紫色；雄蝶前翅背面后缘另有 1 黑色性标，后翅背面近前缘性标毛束淡黄色。

1 年多代，幼虫以多种禾本科植物为寄主。

验视标本：1♂，墨脱，2016. Ⅷ.6，潘朝晖。

分布：西藏、河南、陕西、浙江、福建、广东、广西、海南、台湾；缅甸，泰国，印度，日本，朝鲜。

（二九）斑眼蝶属 *Penthema* Doubleday, [1848]

大型眼蝶。翅形阔，翅背面底色暗褐色，有些种类有蓝色光泽，多数种类有黄白色斑条，外观拟态斑蝶。分布于东洋区，国内已知 4 种。

111. 海南斑眼蝶 *Penthema lisarda* (Doubleday, 1845)

大型眼蝶。前翅背面中室内斑纹发达，呈条状，翅背面各翅室斑条相对较细，外侧对应的斑点形状多为圆点状。

成虫多见于 4~6 月。

验视标本：1♂，墨脱背崩，2017. Ⅴ.7，潘朝晖。

分布：西藏、海南；印度，缅甸，老挝，越南。

（三〇）资眼蝶属 *Zipaetis* Hewitson, 1863

中小型眼蝶。翅背面黑色，外缘边灰白色，内有黑线纹；腹面亚缘有眼状斑带。

分布于东洋区，国内已知 2 种。

112. 资眼蝶 *Zipaetis unipupillata* Lee, 1962*

中型眼蝶。背面翅面黑色，前翅顶区色淡，前后翅外缘边灰白色，内有黑线纹；腹面前后翅亚缘有黑眼斑带，灰色线纹环绕，后翅黑眼斑带中有 2 个大眼斑。

成虫多见于 4 ~ 5 月。

验视标本：1♂，墨脱背崩，2017. Ⅴ.12，潘朝晖。

分布：西藏、云南；缅甸，泰国，老挝。

（三一）黑眼蝶属 *Ethope* Moore, [1866]

中大型眼蝶。雌雄斑纹相似，翅面黑褐色，后翅呈椭圆形，翅面有白色斑点或眼斑，腹面底色较背面淡。

分布于东洋区，国内已知 3 种。

113. 指名黑眼蝶 *Ethope himachala* (Moore, 1857)

大型眼蝶。翅背面黑褐色，前、后翅的亚外缘分别紧密排列着 5 个和 6 个圆形眼斑，眼斑外围为黄褐圈，瞳心为白，眼斑外有排列密集的黄褐色条纹。翅腹面斑纹与背面类似。

1 年多代，成虫多见于 5 ~ 8 月。

验视标本：1♂，墨脱背崩，2004. Ⅵ.23，黄灏。

分布：西藏；印度，缅甸，泰国等地。

（三二）锯眼蝶属 *Elymnias* Hübner, 1818

中大型眼蝶。翅背面多为暗褐色，很多种类带有蓝色斑纹，并有蓝色金属光泽，多拟态斑蝶、粉蝶、凤蝶等。雄蝶后翅中室有椭圆形暗色性标。

分布于东洋区和澳洲区，国内已知 5 种。

114. 闪紫锯眼蝶 *Elymnias malelas* (Hewitson, 1863)

中型眼蝶。前翅翅形狭长，前翅背面除外缘有 1 列蓝色斑纹外，中室及中室外还各有 2 个蓝色斑点，后翅边缘没有红褐色边纹，腹面基部有白色斑点。

成虫多见于 7 ~ 8 月。

验视标本：1♀，墨脱背崩，2017. Ⅴ.12，潘朝晖；1♂，墨脱背崩，2017. Ⅶ.19，潘朝晖。

分布：西藏、云南；印度，缅甸，泰国，老挝，越南。

①♂
藏眼蝶
巴宜区 2017-07-03

❶♂
藏眼蝶
巴宜区 2017-07-03

②♀
藏眼蝶
巴宜区 2017-08-01

❷♀
藏眼蝶
巴宜区 2017-08-01

③♂
藏眼蝶
巴宜区 2018-07-02

❸♂
藏眼蝶
巴宜区 2018-07-02

④♂
藏眼蝶
察隅龙村 2014-09-09

❹♂
藏眼蝶
察隅龙村 2014-09-09

⑤♂
藏眼蝶
高原生态研究所 2010-07-20

❺♂
藏眼蝶
高原生态研究所 2010-07-20

⑥♂
拟稻眉眼蝶
墨脱 2016-08-06

❻♂
拟稻眉眼蝶
墨脱 2016-08-06

⑦♂
海南斑眼蝶
墨脱背崩 2017-05-07

❼♂
海南斑眼蝶
墨脱背崩 2017-05-07

⑧♂
资眼蝶
墨脱背崩 2017-05-12

❽♂
资眼蝶
墨脱背崩 2017-05-12

⑨♂
指名黑眼蝶
墨脱背崩 2004-06-23

❾♂
指名黑眼蝶
墨脱背崩 2004-06-23

⑩♀
闪紫锯眼蝶
墨脱背崩 2017-05-12

❿♀
闪紫锯眼蝶
墨脱背崩 2017-05-12

⑪♂
闪紫锯眼蝶
墨脱背崩 2017-07-19

⓫♂
闪紫锯眼蝶
墨脱背崩 2017-07-19

（三三）拟酒眼蝶属 *Paroeneis* Moore, 1893

中型眼蝶。翅背面黑褐色至黄褐色，前、后翅中域有椭圆斑围成的带纹，雄蝶前翅中室下方通常有线状性标，缘毛黑白相间；腹面色淡，中域带纹较背面清晰，后翅翅脉白色。

分布于中国西北、西南，已知 7 种。

115. 双色拟酒眼蝶 *Paroeneis bicolor* (Seitz, [1909])

中型眼蝶。翅背面黄褐色，前后翅外缘线灰褐色、较宽，后翅基部至后缘灰色，腹面棕褐，中域带纹清晰，后翅脉纹白色。

成虫多见于 7 月。活动于高山草甸环境。

验视标本：1♂，佩枯错，2017.Ⅷ.25，潘朝晖；1♂，普兰 4 900 m，1976.Ⅶ.22，黄复生（中国科学院动物研究所标本）。

分布：西藏。

116. 古北拟酒眼蝶 *Paroeneis palaearctica* (Staudinger, 1889)*

中型眼蝶。背面翅面黑褐色，雄蝶前翅中室下方有线条状性标，前翅中域有黄白色椭圆斑形成的带纹，后翅中域有黄白色带纹，前后翅外缘毛黄黑相间；腹面棕褐色，中域带纹较背面清晰，后翅脉纹白色。

成虫多见于 7 月。活动在高山草甸环境。

验视标本：1♂2♀♀，德姆拉山，2020.Ⅷ.10，潘朝晖。

分布：西藏、甘肃、青海。

（三四）林眼蝶属 *Aulocera* Butler, 1867

中大型眼蝶。翅背面为黑褐色或黑色，前、后翅中域有 1 条白斑带，白斑带形态及宽窄种间差异较大，后翅基半部具有白色毛列，缘毛黑白相间，一些种前、后翅中室有白色长条纹；腹面分布有白色云状线纹，斑纹基本同背面。

主要分布于我国西北、西南部山地，国内已知 11 种。

117. 小型林眼蝶 *Aulocera sybillina* (Oberthür, 1890)

中型眼蝶。背面翅色黑色。前翅中域带白色，分离，斑较小，后翅中域带弧形，腹面斑纹同背面，云状斑多。

成虫多见于 7 ~ 8 月。

验视标本：1♂，高原生态研究所，2019.Ⅵ.15，潘朝晖。

分布：西藏、青海、甘肃、四川、云南。

118. 大型林眼蝶 *Aulocera padma* (Kollar, [1844])

大型眼蝶。背面翅色黑色，前翅中域带白色，斑分离，中室下方有线状性标，中室端上方白斑常不清晰，后翅中域带白色，被翅脉分割；腹面前翅色淡，中室端上方斑清晰，后翅多云状纹，带纹同背面。

成虫多见于 7 ~ 8 月。

验视标本：1♂，波密易贡，2018.Ⅸ.4，潘朝晖。

分布：西藏、云南、四川。

①♂
双色拟酒眼蝶
佩枯错 2017-08-25

❶♂
双色拟酒眼蝶
佩枯错 2017-08-25

②♂
双色拟酒眼蝶
普兰 1976-07-22

❷♂
双色拟酒眼蝶
普兰 1976-07-22

③♂
古北拟酒眼蝶
德姆拉山 2020-08-10

❸♂
古北拟酒眼蝶
德姆拉山 2020-08-10

④♀
古北拟酒眼蝶
德姆拉山 2020-08-10

❹♀
古北拟酒眼蝶
德姆拉山 2020-08-10

⑤♀
古北拟酒眼蝶
德姆拉山 2020-08-10

❺♀
古北拟酒眼蝶
德姆拉山 2020-08-10

⑥♂
小型林眼蝶
高原生态研究所 2019-06-15

❻♂
小型林眼蝶
高原生态研究所 2019-06-15

⑦♂
大型林眼蝶
波密易贡 2018-09-04

❼♂
大型林眼蝶
波密易贡 2018-09-04

（三五）矍眼蝶属 *Ypthima* Hübner, 1818

中小型至中型眼蝶。翅形圆润，翅背面黑褐色，翅腹面通常密布细波纹，有较发达的眼斑，雄蝶翅背面具有暗色性标以及发香鳞。

分布于东洋区、澳洲区、非洲区以及古北区东南部，国内已知约 60 种。

119. 孔矍眼蝶 *Ypthima confusa* Shirozu et Shima, 1977

小型眼蝶。翅背面为深褐色，雄蝶前翅近顶角和后翅近臀角处各具 1 个眼斑，眼斑外围有暗黄色环纹；翅腹面灰褐色，密布褐色细纹，后翅具 3 个眼斑，其中仅顶角处的眼斑最大。 雌蝶斑纹同雄蝶，但眼斑较雄蝶发达。

1 年多代，成虫多见于 3 ~ 9 月。

验视标本：1♂，波密易贡，2017. Ⅷ. 1，潘朝晖。

分布：西藏、云南、广西；越南。

120. 前雾矍眼蝶 *Ypthima praenubila* Leech, 1891*

中型眼蝶。翅形较圆，翅背面灰褐色，前翅近顶角具 1 个较暗的眼斑，后翅近臀角通常具 1 个较明显的眼斑；翅腹面灰褐色，密布褐色波状细纹，后翅中域外侧常具白色斑带，近顶角处具 1 个较大的眼斑，近臀角 3 个眼斑连成一线。

1 年 1 代，成虫多见于 5 ~ 7 月。

验视标本：1♂，察隅龙古村，2017. Ⅶ. 15，呼景阔。

分布：西藏、安徽、浙江、福建、江西、广东、广西、香港、台湾。

121. 矍眼蝶 *Ypthima baldus* (Fabricius, 1775)

中小型眼蝶。 翅形略长，翅背面深褐色，雄蝶前翅近顶角具 1 个眼斑，后翅近臀角处具 2 个紧靠着的眼斑；翅腹面淡褐色，密布褐色细纹，后翅外侧具 6 个小眼斑，中域常具 2 条暗色细带。

1 年多代，幼虫以两耳草、毛马唐等禾本科植物为寄主。

验视标本：1♂，墨脱背崩，2017. Ⅴ. 15，潘朝晖。

分布：西藏、河南、四川、浙江、福建、湖南、湖北、黑龙江、山西、甘肃、青海、广东、广西、海南、云南、香港、台湾；印度，尼泊尔，巴基斯坦，不丹，缅甸，马来西亚。

122. 连斑矍眼蝶 *Ypthima sakra* Moore, 1857

中型眼蝶。 翅背面褐色，前翅近顶角具 1 个眼斑，后翅亚外缘具 2 ~ 5 个眼斑；翅腹面灰褐色，密布褐色细波纹，后翅顶角处具 2 个眼斑互相融合，下侧具 3 个较小的眼斑。

1 年多代，成虫多见于 3 ~ 8 月。

验视标本：1♂，墨脱，2018. Ⅶ. 12，潘朝晖。

分布：西藏、四川、云南；印度，尼泊尔，缅甸，越南。

①♂
孔瞿眼蝶
波密易贡 2017-08-01

❶♂
孔瞿眼蝶
波密易贡 2017-08-01

②♂
前雾瞿眼蝶
察隅龙古村 2017-07-15

❷♂
前雾瞿眼蝶
察隅龙古村 2017-07-15

③♂
瞿眼蝶
墨脱背崩 2017-05-15

❸♂
瞿眼蝶
墨脱背崩 2017-05-15

④♂
连斑瞿眼蝶
墨脱 2018-07-12

❹♂
连斑瞿眼蝶
墨脱 2018-07-12

（三六）艳眼蝶属 *Callerebia* Butler, 1867

中型至中大型眼蝶。前翅近翅顶处通常具 1 双瞳眼纹。后翅臀角多少突出。躯体相对瘦小，触角末端锤部窄细。雄蝶翅面性标不明显。

分布于古北区及东洋区，国内已知 6 种。

123. 白边艳眼蝶 *Callerebia baileyi* South, 1913

中型眼蝶。雌雄斑纹相似 。躯体背面暗褐色，腹面灰白色。翅背面底色呈褐色，沿外缘有白边，以后翅为重。前翅翅顶附近眼纹外镶橙色细圈纹，后翅臀角附近多有 1 只小眼。翅腹面底色稍浅，后翅翅面及前翅翅顶附近呈白色，内含暗色细波纹，后翅有小眼纹，数目多变。

1 年 1 代，成虫多见于夏季。

验视标本：1♂，察隅县城，2017. Ⅵ. 15，潘朝晖。

分布：西藏；印度。

124. 斯艳眼蝶 *Callerebia scanda* (Kollar, 1844)

中型眼蝶。雌雄斑纹相似。翅背面底色呈褐色，前翅翅顶附近眼纹明显，外镶橙色圈纹，眼纹为 1 双瞳纹或 2 条相连的单瞳纹。后翅臀角附近具 1 或 2 条眼纹。翅腹面底色稍浅，后翅大部分多为内含暗细波纹之白斑覆盖，前缘及外缘仍呈褐色。雌蝶后翅腹面白纹较稀疏使大体上呈褐色。

1 年 1 代，成虫多见于夏季。

验视标本：1♀，吉隆沟，2017. Ⅷ. 29，潘朝晖。

分布：西藏；印度，尼泊尔。

①♂
白边艳粉蝶
察隅县城 2017-06-15

❶♂
白边艳粉蝶
察隅县城 2017-06-15

②♀
斯艳眼蝶
吉隆沟 2017-08-29

❷♀
斯艳眼蝶
吉隆沟 2017-08-29

（三七）明眸眼蝶属 *Argestina* Riley, 1923

中小型眼蝶。翅背面黑褐色，前翅近顶角处有 1 个椭圆形黑斑，有的近圆形，后翅臀角处有或无红斑，腹面前翅砖红色，后翅有波状纹。

分布于西藏地区，国内已知 4 种。

125. 苹色明眸眼蝶 *Argestina pomena* Evans, 1915

小型眼蝶。背面黑褐色，前翅近顶角有 1 个黑圆斑，瞳点白色，后翅近臀角处有红斑，红斑内常有 1 个小白斑；腹面前翅砖红色，近顶角有 1 个圆斑，后翅深褐色，近臀角有 1 个黑眼斑，亚缘有清晰的小白斑 1 列。

1 年 1 代，成虫多见于 7 ~ 8 月。

验视标本：1♂，波密易贡，2016. Ⅷ. 16，潘朝晖；1♀，波密易贡，2016. Ⅸ. 9，潘朝晖。

分布：西藏。

126. 红裙边明眸眼蝶 *Argestina inconstans* (South, 1913)

小型眼蝶。背面翅面黑褐色，前翅近顶角有 1 个椭圆形黑斑，双瞳点白色，后翅近臀角处有红带，内有黑斑；腹面前翅砖红色，斑同正面，后翅褐色，亚缘无小白斑或不清晰。

1 年 1 代，成虫多见于 7 ~ 8 月。

验视标本：1♂，高原生态研究所，2010. Ⅶ. 20，潘朝晖。

分布：西藏。

（三八）阿芬眼蝶属 *Aphantopus* Wallengren, 1853

中小型眼蝶。翅背面翅色为黑褐色，具黑色眼状斑；腹面翅色棕褐色，眼状斑较正面清晰，具有黄眼圈。主要分布于古北区，国内已知 3 种。

127. 阿芬眼蝶 *Aphantopus hyperantus* (Linnaeus, 1758)

中小型眼蝶。背面翅色黑褐色，前后翅亚缘各有 2 个黑眼斑，缘毛灰白色，前翅基部翅脉膨大；腹面翅色棕褐色。前翅通常有 3 枚黑色亚外缘斑，后翅亚外缘斑 5 枚，眼斑有黄眼圈，瞳点白色。

1 年 1 代，成虫多见于 6 ~ 7 月。

验视标本：1♂，高原生态研究所，2012. Ⅷ. 10，潘朝晖。

分布：西藏、北京、河北、内蒙古、云南、四川；俄罗斯，蒙古，朝鲜半岛，西欧地区。

①♂
苹色明眸眼蝶
波密易贡 2016-08-16

❶♂
苹色明眸眼蝶
波密易贡 2016-08-16

②♀
苹色明眸眼蝶
易贡 2017-09-09

❷♀
苹色明眸眼蝶
易贡 2017-09-09

③♂
红裙边明眸眼蝶
高原生态研究所 2010-07-20

❸♂
红裙边明眸眼蝶
高原生态研究所 2010-07-20

④♂
阿芬眼蝶
高原生态研究所 2012-08-10

❹♂
阿芬眼蝶
高原生态研究所 2012-08-10

（三九）睛眼蝶属 *Hemadara* Moore, 1893

中小型眼蝶。翅背面黑褐色，前翅顶角处有 1 个带黄圈的大眼斑，瞳点白色，后翅无斑，有的臀角附近有小黑斑；腹面后翅常有白色云纹。

分布于我国云南西北部地区，国内已知 7 种。

128. 杂色睛眼蝶 *Hemadara narasingha* Moore, 1857

中小型眼蝶。翅背面黑褐色，前翅近顶角有 1 个黑色眼斑，眼斑带淡黄圈，双瞳点白色，雄蝶中室端下侧及下方有性标；腹面前翅眼斑外侧及下方有灰绿色鳞片，后翅大部分有灰绿色鳞片，亚外缘有几枚小白斑。

1 年 1 代，成虫多见于 4 月。

验视标本：1♂，墨脱 96K，2017. V. 9，潘朝晖。

分布：西藏、广东；越南，老挝，不丹。

（四〇）带眼蝶属 *Chonala* Moore, 1893

中型眼蝶。翅背面黑褐色，通常前翅由前缘向外角方向延伸 1 条带，后翅亚缘有斑或无斑；前翅腹面带状斑较背面明显，顶角有眼状斑，后翅覆白色鳞片，基部及中部区域有波状线纹，亚缘有眼状斑 1 列。

分布于我国西南部地区，国内已知 8 种。

129. 马森带眼蝶 *Chonala masoni* (Elwes, 1882)

中型眼蝶。翅黑褐色。前翅顶角有 2～3 个小白点及 1 个黑色眼纹，中域有 1 条从前缘外斜至后角的宽白带。后翅顶角白色，亚外缘有 1 列模糊的黑色眼斑。后翅反面外缘有 3 条褐色细横线，亚外缘有 6 个黑色眼斑，斑有白瞳及红褐眶，每个眼斑内有 2 个白瞳点。中线和内横线曲折。

验视标本：1♂，亚东，时间不详，郎嵩云。

分布：西藏；印度，不丹。

①♂
杂色睛眼蝶
墨脱 2017-05-09

❶♂
杂色睛眼蝶
墨脱 2017-05-09

②♂
马森带眼蝶
亚东（采集时间不详）

❷♂
马森带眼蝶
亚东（采集时间不详）

（四一）凤眼蝶属 *Neorina* Westwood, [1850]

大型眼蝶。雌雄斑纹相似，翅形阔，翅背面为黑褐色，前翅具有宽阔的白色或黄色斑带，翅腹面具眼斑。分布于东洋区，国内已知 3 种。

130. 黄带凤眼蝶 *Neorina hilda* Westwood, [1850]

大型眼蝶。翅背面为黑褐色，前翅有 1 条宽阔的黄色斜带，近顶角处有 1 个或数个小白斑，后翅中上部外缘有黄色斑块，无尾突。腹面偏棕褐色，亚外缘有 2 条波纹状黑色线纹，内伴白色鳞片，后翅顶部和近臀角处各有 1 个明显的眼斑。

成虫多见于 7 ~ 8 月。

验视标本：1♂，墨脱，2016.Ⅶ.30，潘朝晖。

分布：西藏、云南；印度，缅甸。

（四二）珍眼蝶属 *Coenonympha* Hübner, [1819]

小型眼蝶。翅底色暗淡，翅色一般为白色、黑褐色至黄褐色，大多种类翅反面眼斑透过翅正面隐约可见，前、后翅外缘翅形圆润，翅腹面多为棕褐色至黄褐色，眼斑清晰。

主要分布于古北区，少数种类分布到东洋区。国内已知 10 种。

131. 狄泰珍眼蝶 *Coenonympha tydeus* Leech, [1892]

小型眼蝶。翅背面淡黄色，通常无斑。翅腹面：前翅前缘和外缘淡褐色，亚顶端有 1 个白点，并有 1 条明显的细中横线；后翅基半部铜绿色，有黄色鳞片，亚外缘有 6 个白色斑，中室端外有分支的白斑。

验视标本：1♂，拉萨，采集人和时间不详。

分布：西藏。

（四三）喙蝶属 *Libythea* Fabricius, 1807

中型喙蝶。翅背面有黄色条纹，下唇须发达，尖长延伸，像鸟的喙部，因而得此属名，触角较短，雄蝶前足退化，跗节 1 节，雌蝶前足正常。前翅顶角突出成钩状，后翅外缘锯齿状。

主要分布于东洋区，国内已知 3 种。

132. 朴喙蝶 *Libythea lepita* Moore, [1858]

中型喙蝶。雌雄同型。前翅顶角突出成钩状，翅背面黑色，中室有橙色条斑，中域有 1 个较大圆形橙斑，顶角有 3 个白点，后翅外缘锯齿状，中部有橙色横条斑，翅腹面为枯叶拟态颜色。

1 年 1 ~ 2 代，幼虫主要以朴树为寄主。

验视标本：1♂，波密易贡，2018.Ⅶ.7，潘朝晖。

分布：全国各地分布；南亚至东南亚都有分布。

①♂
黄带凤眼蝶
墨脱 2016-07-30

❶♂
黄带凤眼蝶
墨脱 2016-07-30

②♂
狄泰珍眼蝶
拉萨（采集时间不详）

❷♂
狄泰珍眼蝶
拉萨（采集时间不详）

③♂
朴喙蝶
波密易贡 2018-07-07

❸♂
朴喙蝶
波密易贡 2018-07-07

（四四）斑蝶属 *Danaus* Kluk, 1780

中小型至中大型斑蝶。翅大多呈橙色，少数为白色，顶角带白斑和黑斑，部分种类翅脉和两侧呈黑色。雄蝶腹部末端带毛笔器，后翅 cu_2 室内有性标，并在腹面形成一袋状结构。

主要分布热带地区，国内已知 3 种。

133. 虎斑蝶 *Danaus genutia* (Cramer, [1779])

中型斑蝶。头胸部黑色，带白色斑点和线纹，腹部橙色。翅背面呈橙色，翅脉为黑色，前翅前缘至顶角附近黑褐色，其中央有 1 道白色斜带，前后翅外缘带黑边，内有 1～2 列白色斑点。翅腹面斑纹大致相同，白色斑点较发达。雄蝶后翅 cu_2 室内有黑色性标。

1 年多代，幼虫以夹竹桃科天星藤和鹅绒藤属等植物为寄主。

验视标本：1♀，墨脱，2016.VIII.3，潘朝晖。

分布：西藏、河南、浙江、湖北、江西、湖南、四川、贵州、福建、云南、广东、广西、海南、台湾、香港；东洋区，古北区南缘，澳洲区。

134. 金斑蝶 *Danaus chrysippus* (Linnaeus, 1758)

中小型斑蝶。头胸部黑色，带白色斑点和线纹，腹部背面橙色，腹面灰白色。翅呈橙色，前翅前缘至顶角附近黑褐色，其中央有 1 道白色斜带，前后翅外缘带黑边，内有 1～2 列白色斑点，后翅中室前侧翅脉带 3 个黑斑点。翅腹面斑纹大致相同。雄蝶后翅 cu_2 室内有黑色性标。

1 年多代，幼虫以夹竹桃科的马利筋、石萝蔍和天星藤为寄主。

验视标本：1♂，察隅，1958.IX.13，采集人不详（中国科学院动物研究所标本）。

分布：西藏、陕西、湖北、江西、湖南、四川、贵州、福建、云南、广东、广西、海南、台湾、香港；东洋区，古北区南缘，非洲区，澳洲区。

①♀
虎斑蝶
墨脱 2016-08-03

❶♀
虎斑蝶
墨脱 2016-08-03

②♂
金斑蝶
察隅 1958-09-13

❷♂
金斑蝶
察隅 1958-09-13

（四五）青斑蝶属 *Tirumala* Moore, [1880]

中型斑蝶。翅底色为黑色，带很多蓝色或淡蓝色半透明的斑点或条纹。雄蝶后翅 cu2 室内有性标，并在腹面形成一袋状结构。

分布于非洲区、东洋区及澳洲区，国内已知 3 种。

135. 青斑蝶 *Tirumala limniace*（Cramer, [1775]）

中型斑蝶。身体黑褐色，带白色斑点及线纹，腹部腹面橙色，节间带白纹。翅底色为黑色，布满半透明淡蓝色的斑纹，其形状由接近基部长条状，至靠外缘的斑点状。翅腹面斑纹大致相同，但底色较淡。

1 年多代，幼虫寄主植物为夹竹桃科的南山藤和夜来香等。

验视标本：1♀，察隅，时间和采集人不详。

分布：西藏、湖南、福建、广东、广西、云南、台湾、海南、香港；东洋区。

136. 啬青斑蝶 *Tirumala septentrionis*（Butler, 1874）*

中型斑蝶。身体黑褐色，带白色斑点及线纹，腹部腹面橙色，节间带白纹。翅底色为黑色，翅上斑明显较小，排列与青斑蝶相似。翅腹面斑纹大致相同，但底色较淡。雄蝶后翅 cu2 室内有袋状性标。

1 年多代，成虫全年可见，幼虫以夹竹桃科的台湾醉魂藤为寄主。

验视标本：1♂，墨脱背崩，2018.Ⅶ.29，潘朝晖。

分布：西藏、江西、湖南、福建、广东、广西、云南、四川、贵州、台湾、海南、香港；东洋区。

（四六）绢斑蝶属 *Parantica* Moore, [1880]

中小型至中大型。翅主色为深褐色至红褐色，带很多白色至淡蓝色半透明的条纹和斑点。雄蝶后翅臀角附近带有暗斑状性标。

分布于东洋区和澳洲区，国内已知 5 种。

137. 大绢斑蝶 *Parantica sita* Kollar, [1884]

中大型斑蝶。头胸部黑褐色，带白色斑点及线纹，腹部黑褐色或红褐色，雄蝶腹面节间带白纹，雌蝶腹面则呈白色。前翅底色深褐色，后翅底色红褐色，有淡蓝色带光泽的半透明斑纹。翅腹面斑纹大致相同，但底色较淡，后翅外侧带 2 列白色斑点。雄蝶后翅臀角附近带有黑色暗斑状性标。雌蝶翅形较宽。

1 年多代，幼虫以夹竹桃科的球兰、娃儿藤和天星藤等植物为寄主。

验视标本：1♂，墨脱 108K，2014.Ⅷ.6，潘朝晖；1♂，墨脱背崩，2017.Ⅴ.12，潘朝晖；1♂，墨脱背崩，2017.Ⅴ.12，周润发；1♂，波密易贡，2018.Ⅸ.7，潘朝晖；1♀，墨脱 80K，2014.Ⅷ.3，潘朝晖。

分布：西藏、辽宁、江苏、湖南、江西、四川、贵州、云南、西藏、浙江、福建、广西、广东、海南、香港、台湾；印度北部，克什米尔地区，尼泊尔，越南，老挝，柬埔寨，泰国，缅甸，阿富汗，孟加拉国，不丹，巴基斯坦，马来西亚，印度尼西亚，朝鲜，日本，俄罗斯。

138. 西藏大斑绢蝶 *Parantica pedonga* Fujioka, 1970

中大型斑蝶。外形和大绢斑蝶非常相似，主要区别为：雄翅后翅臀角的黑色性标较小，仅集中在 1A+2A 脉两侧，而大绢斑蝶的性标则会触及甚至横跨 Cu_2 脉。

1 年多代，幼虫以夹竹桃科植物为寄主。

验视标本：1♂1♀，察隅县城，2020. Ⅷ. 15，陈恩勇。

分布：西藏；不丹，尼泊尔，印度东北部，为喜马拉雅地区特有种。

139. 绢斑蝶 *Parantica aglea* (Stoll,[1782])

中型斑蝶。翅主色为深褐色，布满半透明白色至淡蓝色的斑纹，其形状接近基部，呈长条状。前翅中室及 cu_2 室的斑纹中央带黑色线纹。翅腹面斑纹大致相同，但底色较淡。雄蝶后翅臀角附近带有黑色暗斑状性标。

1 年多代，幼虫以夹竹桃科的马利筋、娃儿藤和台湾醉魂藤等为寄主。

验视标本：1♂，墨脱背崩，2017. Ⅵ.9，潘朝晖；1♀，墨脱，2020. Ⅷ.15，潘朝晖。

分布：西藏、江西、福建、广东、广西、四川、云南、海南、台湾、香港；东洋区的大陆部分。

140. 史氏绢斑蝶 *Parantica swinhoei* (Moore,1883)

中型斑蝶。头胸部黑褐色，腹部黑褐色或红褐色，雄蝶腹面节间带白纹。前翅底色深褐色，后翅底色红褐色，有淡蓝色带光泽的半透明斑纹。翅腹面斑纹大致相同，后翅外侧带 2 列白色斑点。雄蝶后翅臀角附近带有黑色暗斑状性标。本种后翅 m 室和 cu_1 室基部淡蓝斑纹外侧的 2 个小斑减退；本种雄蝶后翅的性标明显较大，呈长卵形。

1 年多代，幼虫以夹竹桃科的蓝叶藤等为寄主。

验视标本：1♀，墨脱 80K，2014. Ⅷ.3，潘朝晖；1♂，墨脱背崩，2016. Ⅷ.1，潘朝晖。

分布：西藏、四川、云南、贵州、湖南、广西、广东、福建、浙江、台湾、香港；印度东北部，缅甸，泰国，老挝，越南各国的北部。

①♀
青斑蝶
察隅（采集时间不详）

❶♀
青斑蝶
察隅（采集时间不详）

②♂
啬青斑蝶
墨脱背崩 2018-07-29

❷♂
啬青斑蝶
墨脱背崩 2018-07-29

③♂
大绢斑蝶
墨脱 2014-08-06

❸♂
大绢斑蝶
墨脱 2014-08-06

④♂
大绢斑蝶
背崩 2017-05-12

❹♂
大绢斑蝶
背崩 2017-05-12

⑤♂
大绢斑蝶
墨脱背崩 2017-05-12

❺♂
大绢斑蝶
墨脱背崩 2017-05-12

⑥♂
大绢斑蝶
波密易贡 2018-09-07

❻♂
大绢斑蝶
波密易贡 2018-09-07

⑦♀
大绢斑蝶
墨脱 2014-08-03

❼♀
大绢斑蝶
墨脱 2014-08-03

⑧♂
西藏大斑绢蝶
察隅县城 2020-08-15

❽♂
西藏大斑绢蝶
察隅县城 2020-08-15

⑨♀
西藏大斑绢蝶
察隅县城 2020-08-15

❾♀
西藏大斑绢蝶
察隅县城 2020-08-15

⑩♀
绢斑蝶
墨脱 2011-08-15

❿♀
绢斑蝶
墨脱 2011-08-15

⑪♂
绢斑蝶
背崩 2017-06-09

⓫♂
绢斑蝶
背崩 2017-06-09

⑫♀
史氏绢斑蝶
墨脱 2014-08-03

⑫♀
史氏绢斑蝶
墨脱 2014-08-03

⑬♂
史氏绢斑蝶
墨脱背崩 2016-08-01

⑬♂
史氏绢斑蝶
墨脱背崩 2016-08-01

（四七）紫斑蝶属 *Euploea* Fabricius, 1807

小型至大型斑蝶。身躯深褐色，带白色线纹或斑点。翅主要呈深褐色或黑色，背面多带深蓝色或紫色金属光泽，并带大小不一的白点。雄蝶前翅后缘多向后突出，腹部末端毛笔器发达，不少种类的前翅有长条形或棒状性标。

幼虫多带鲜明的警戒色，寄主为夹竹桃科和桑科植物。

主要分布于东洋区和澳洲区热带区域，国内已知 11 种。

141. 异型紫斑蝶 *Euploea mulciber* (Cramer, [1777])

中型斑蝶。雄雌异型。雄蝶翅深褐色，前翅后缘略向后突出，背面有鲜明的深蓝色金属光泽，中央或有数个灰蓝色斑纹，外缘有 2 列灰蓝色斑纹，cu_2 室无性标，腹面中央及外缘有白点，靠近后缘有 1 片深灰色斑纹。后翅前缘呈灰白色，腹面中央和外缘带灰蓝斑点。雌蝶翅深褐色，背面仅外侧有深蓝色金属光泽，外侧散布白色斑纹，基部则有灰褐色暗条纹，后翅满布白色条纹，外缘有 1 列白点。

1 年多代，幼虫以夹竹桃科植物为寄主。

验视标本：1♀，墨脱，2016.Ⅷ.3，潘朝晖；1♂，墨脱 80K，2018.Ⅶ.13，潘朝晖。

分布：西藏、湖南、四川、贵州、云南、福建、江西、广东、广西、海南、台湾、香港；马来西亚、印度尼西亚，菲律宾及印度南部，喜马拉雅地区，中南半岛等地。

（四八）绢蛱蝶属 *Calinaga* Moore, 1857

中型蛱蝶。两性相似，前胸有橙色毛。翅背面黑褐色或淡黑色，多有淡褐色斑块，翅呈半透明状，斑纹类似绢斑蝶、斑凤蝶。

分布于东洋区，国内已知 6 种。

142. 阿波绢蛱蝶 *Calinaga aborica* Tytler, 1915

中型蛱蝶。胸部背面翅基部有橘红色毛簇。前翅翅形近三角形，前缘、外缘呈弧形，翅顶圆钝，后翅近卵形。翅背面黑褐色，翅面有许多带光泽半透明的淡青白色斑，近翅基部为条纹斑，靠外缘部分为点状斑。前、后翅亚外缘有 1 列清晰的浅黄色斑点。

成虫多见于 4~5 月。

验视标本：1♂，墨脱，2017.Ⅴ.15，潘朝晖；1♂，墨脱 80K，2017.Ⅴ.16，潘朝晖。

分布：西藏、台湾、云南；印度，缅甸。

143. 绢蛱蝶 *Calinaga buddha* Moore, 1857*

中型蛱蝶。前翅翅形近三角形，翅顶圆钝，后翅近卵形。翅背面暗褐色，翅面有许多半透明的淡青白色斑，近翅基部为条纹斑，靠外缘部分为点状斑。翅腹面纹与背面类似。

成虫多见于 3~5 月。

验视标本：1♂，排龙，2019.Ⅳ.25，潘朝晖。

分布：西藏、台湾、云南；印度，缅甸。

①♀
异型紫斑蝶
墨脱 2016-08-03

❶♀
异型紫斑蝶
墨脱 2016-08-03

②♂
异型紫斑蝶
墨脱 2018-07-13

❷♂
异型紫斑蝶
墨脱 2018-07-13

③♂
绢蛱蝶
排龙 2019-04-25

❸♂
绢蛱蝶
排龙 2019-04-25

④♂
阿波绢蛱蝶
墨脱 2017-05-15

❹♂
阿波绢蛱蝶
墨脱 2017-05-15

⑤♂
阿波绢蛱蝶
墨脱 2017-05-16

❺♂
阿波绢蛱蝶
墨脱 2017-05-16

（四九）矩环蝶属 *Enispe* Doubleday, 1848

大型环蝶。翅背面以黄褐色及黑褐色为底色，前、后翅多有波纹状斑。雄蝶前翅顶角略突出，后翅外缘较圆阔，背面的内缘区被有浓密的长毛。雌蝶后翅则更方更阔。

主要分布于东洋区，国内已知 3 种。

144. 矩环蝶 *Enispe euthymius* (Doubleday, 1845)

中大型环蝶。雄蝶翅背面为深红棕色，前后翅的波纹状斑纹发达，黑色斑纹极为发达，前翅波纹状斑内侧有 1 列明显的黑色斑点，中室端有发达的黑斑。翅腹面色泽较淡，前、后翅中部有 1 列深色横带，后翅横带外侧有 2 个瞳心为白点的小圆斑。

成虫多见于 6 ~ 8 月。

验视标本：1♂，墨脱 96K，2017. V.9，潘朝晖。

分布：西藏、云南；印度，缅甸，泰国，老挝，越南。

145. 蓝带矩环蝶 *Enispe cycnus* Westwood, 1851

中大型环蝶。翅背面底色为黑褐色，雄蝶前翅前缘中部向内有 1 条泛蓝色光泽的白色斜带，部分个体斜带发达，可延伸至下缘中部，同时外缘还有 1 竖列的白色斑点，向内呈箭状。腹面呈黄褐色，外缘色泽更淡。中央区域有 1 列贯穿前后翅的深色带。雌蝶斑纹类似雄蝶，但后翅背面外缘有更发达明显的黄色斑点。

成虫多见于 7 ~ 8 月。

验视标本：1♂，墨脱，2004. V.14，黄灏。

分布：西藏、云南；印度，缅甸，老挝，泰国。

（五〇）斑环蝶属 *Thaumantis* Hübner, 1926

中大型环蝶。翅形较圆阔，身体粗。翅背面底色为黑色，大多种类翅面有亮蓝色斑块，腹面均以黑色为主，后翅有 2 个圆形眼斑。

分布于东洋区，国内已知 2 种。

146. 紫斑环蝶 *Thaumantis diores* Doubleday,1845

大型环蝶。雌雄蝶相似，翅形圆，翅背面底色为黑色，前、后翅中域都有大型亮丽的蓝色斑块。翅腹面底色为黑褐色，外缘为淡褐色，形成不同的色区，有 3 条暗色带，后翅有 2 个眼斑。

1 年多代，成虫多见于 6 ~ 9 月

验视标本：1♂，墨脱背崩，1974. Ⅷ.5，黄复生（中国科学院动物研究所标本）；1♂，墨脱背崩，1983. V.29，林再（中国科学院动物研究所标本）；1♂，墨脱 96K，2019. Ⅵ.7，潘朝晖。

分布：西藏、云南；印度，不丹，缅甸，老挝，泰国，柬埔寨，越南。

①♂
矩环蝶
墨脱 2017-05-09

❶♂
矩环蝶
墨脱 2017-05-09

②♂
蓝带矩环蝶
墨脱 2004-05-14

❷♂
蓝带矩环蝶
墨脱 2004-05-14

③♂
紫斑环蝶
墨脱背崩 1974-08-05

❸♂
紫斑环蝶
墨脱背崩 1974-08-05

④♂
紫斑环蝶
墨脱背崩 1983-05-29

❹♂
紫斑环蝶
墨脱背崩 1983-05-29

⑤♂
紫斑环蝶
墨脱 2019-06-07

❺♂
紫斑环蝶
墨脱 2019-06-07

（五一）纹环蝶属 *Aemona* Hewitson, 1868

中型环蝶。翅背面底色以黄色或灰褐色为底色，前翅顶角尖，后翅外缘多有波状斑纹。翅腹面从前翅顶角到后翅臀角贯穿 1 条深色带，带的外侧有 1 列眼斑，瞳心为白点。雄蝶后翅中部有 3 条由内向外沿着翅脉的香鳞，内缘区有细毛。

主要分布于东洋区，国内已知 3 种。

147. 纹环蝶 *Aemona amathusia* (Hewitson, 1867)

中型环蝶。雄蝶翅背面为统一的淡黄色，可见 1 条贯穿前后翅的横带，前翅顶角及外缘颜色更深暗，翅腹面有明显的深色横带，外侧有眼纹斑，其中前翅圆斑常退化缩小，后翅的香鳞较不明显。雌蝶翅背面为棕褐色，前翅顶角突出，顶角及外缘黑带明显。

1 年多代，成虫多见于 5 ~ 8 月，幼虫以百合科菝葜属植物为寄主。

验视标本：1♂，墨脱二号桥，2011.Ⅷ.11，潘朝晖。

分布：西藏、福建、广东、广西、云南；印度，不丹，老挝，越南。

（五二）箭环蝶属 *Stichophthalma* C. & R. Felder, 1862

大型环蝶。翅形阔，体粗壮，大多翅面底色以黄色或棕黄色为主，翅背面沿外缘有黑褐色箭形纹。雄蝶后翅背面靠基部有性标，中室基部有毛束。

主要分布于东洋区，国内已知 9 种。

148. 喜马箭环蝶 *Stichophthalma camadeva* (Westwood, 1848)

大型环蝶。前翅背面以蓝白色或乳白色为底色，仅内缘部分区域为棕褐色，翅外缘有箭形斑靠内对应排列着黑色圆形斑。后翅背面内缘区域为深棕褐色，外缘的箭纹形斑为黑色，但箭纹头部区域融合成大面积的黑斑，并和内缘的深褐色部位相连。翅腹面底色为青绿色，黑色中线外伴着较宽的青白色中带，前、后翅的橙色圆斑大而明显。

成虫多见于 6 ~ 8 月。

验视标本：1♂，墨脱 80K，2017.Ⅶ.11，潘朝晖。

分布：西藏；尼泊尔，印度，不丹，缅甸，泰国。

149. 双星箭环蝶 *Stichophthalma neumogeni* Leech, 1892

中大型环蝶。翅形圆，背面底色基本为橙黄，近基部颜色深。前翅顶角处黑褐色，有 1 小圆斑，外缘部分为橙黄色，而靠内则偏橙红色。

1 年 1 代，成虫多见于 6 ~ 8 月。

验视标本：1♂，墨脱，2016.Ⅷ.3，潘朝晖。

分布：西藏、福建、江西、湖北、四川、重庆、湖南、陕西、甘肃、云南；越南。

150. 华西箭环蝶 *Stichophthalma suffusa* Leech, 1892 *

大型环蝶。与箭环蝶相似，后翅背面外缘的黑色箭形纹更为粗大，且靠后缘的黑斑几乎融合弥漫，基本不显示成独立的箭纹形。

1年1代，成虫多见于6～8月。常见于竹林或林中阴暗处活动。

验视标本：1♂，墨脱汗密，2011.Ⅶ.15，潘朝晖。

分布：西藏、云南、四川、湖北、湖南、贵州、重庆、广西、广东、福建、江西；越南。

（五三）珍蝶属 *Acraea* Fabricius, 1807

中型珍蝶。热带亚热带低海拔种类。翅面黄色或橙黄色，有斑点，外缘有较宽的黑色带。

主要分布于东洋区和非洲区，国内已知2种。

151. 苎麻珍蝶 *Acraea issoria*（Fabricius, 1793）*

中型珍蝶。雌雄同型。雄蝶翅背面黄色，前、后翅外缘黑带较宽，黑带内各室有斑点，腹面颜色较淡；雌蝶腹面较暗，颜色较淡，通常前翅中室及中域附近有黑斑，黑色外带较宽，翅脉为黑色。

1年多代，成虫多见于4～11月；幼虫主要以醉鱼草科和荨麻科等多种植物为寄主。

验视标本：1♂1♀，上察隅，2015.Ⅵ.24，潘朝晖。

分布：西藏、浙江、福建、江西、湖北、湖南、四川、云南、广东、广西、海南、台湾；泰国，缅甸，越南，老挝，印度，马来西亚，菲律宾。

（五四）锯蛱蝶属 *Cethosia* Fabricius, 1807

中型蛱蝶。翅面橙红色，鲜艳，有白色斑带，前后翅外缘满布锯齿状花纹。

主要分布于东洋区，国内已知2种。

152. 红锯蛱蝶 *Cethosia biblis* (Drury, [1773])

中型蛱蝶。雌雄异型。雄蝶翅背面橙红色，前、后翅外缘锯齿状，前翅端黑色，亚外缘有1列V形花纹，前翅中室有数条黑线，中域有1列白点和V形斑，后翅外带宽、黑色，外缘中区有数个黑色斑点，腹面为黄色与白色相间环形带，各色带有数个黑色斑纹。雌蝶翅背面为褐白色。

1年多代，幼虫主要以西番莲属多种植物为寄主。

验视标本：1♂，墨脱，2018.Ⅶ.28，潘朝晖。

分布：西藏、广东、香港、海南、广西、福建、云南、江西、四川；泰国，尼泊尔，不丹，马来西亚，越南，老挝，缅甸，印度。

153. 白带锯蛱蝶 *Cethosia cyane* (Drury, [1773]*

中型蛱蝶。雌雄异型。与红锯蛱蝶较相似，区别在于前者前翅外中区亚顶角有1条白色斜带，背腹面花纹基本一致。

1年多代，幼虫主要以西番莲属多种植物为寄主。

验视标本：1♂，墨脱二号桥，2011.Ⅷ.11，潘朝晖。

分布：西藏、广东、海南、广西、云南、四川；泰国，尼泊尔，马来西亚，越南，老挝，缅甸，印度等地。

①♂
纹环蝶
墨脱二号桥 2011-08-11

❶♂
纹环蝶
墨脱二号桥 2011-08-11

②♂
喜马箭环蝶
墨脱 2017-07-11

❷♂
喜马箭环蝶
墨脱 2017-07-11

③♂
双星箭环蝶
墨脱 2016-08-03

❸♂
双星箭环蝶
墨脱 2016-08-03

④♂
华西箭环蝶
墨脱汗密 2011-07-15

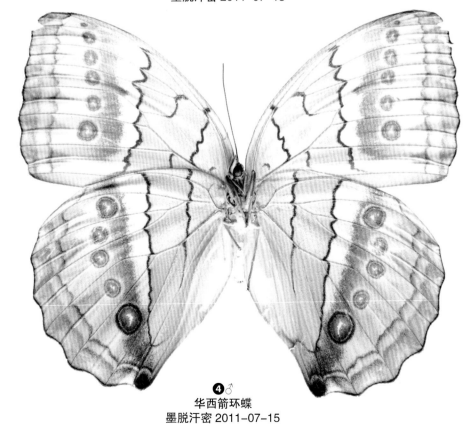

❹♂
华西箭环蝶
墨脱汗密 2011-07-15

⑤♂
苎麻珍蝶
上察隅 2015-06-24

❺♂
苎麻珍蝶
上察隅 2015-06-24

⑥♀
苎麻珍蝶
上察隅 2015-06-24

❻♀
苎麻珍蝶
上察隅 2015-06-24

⑦♂
红锯蛱蝶
墨脱 2018-07-28

❼♂
红锯蛱蝶
墨脱 2018-07-28

⑧♂
白带锯蛱蝶
墨脱二号桥 2011-08-11

❽♂
白带锯蛱蝶
墨脱二号桥 2011-08-11

（五五）文蛱蝶属 *Vindula* Hemming, 1934

中大型蛱蝶。翅面橙黄色，前翅顶角外突，后翅波浪状，具短尖尾突。

分布于东洋区，国内已知 1 种。

154. 文蛱蝶 *Vindula erota* (Fabricius, 1793) *

中大型蛱蝶。雌雄异型。雄蝶翅背面橙黄色，中域颜色较浅，靠基部颜色较深，由 1 条黑色竖线分隔，前、后翅亚外缘有 2 列锯齿纹，前翅顶区有 2 个黑点，中室有 3 条黑色竖线，后翅外缘区有圆形眼斑，腹面颜色较浅。雌蝶翅背面褐色，偏黑，前、后翅中域白色带贯穿，后翅眼斑明显。

1 年多代，成虫几乎全年可见；幼虫主要以西番莲科三开瓢等植物为寄主。

验视标本：1♂，墨脱背崩，2018.Ⅶ.15，郭光旭。

分布：西藏、海南、广西、广东、云南；泰国，老挝，缅甸，马来西亚，菲律宾，越南，印度。

（五六）彩蛱蝶属 *Vagrans* Hemming, 1934

中小型蛱蝶。

分布于东洋区，国内已知 1 种。

155. 彩蛱蝶 *Vagrans egista* (Cramer, [1780]) *

中小型蛱蝶。雌雄同型。前翅尖，外缘斜直，后翅波浪状，具尾突，前、后翅背大面积橙黄色，基部颜色较深，外缘黑色或褐色，外中区有 1 列黑点，前翅中室有黑色竖纹，翅腹面褐色为主，布白色斑纹。

1 年多代，成虫几乎全年可见；幼虫主要以大风子科天料木属及刺篱木属植物为寄主。

验视标本：1♂，墨脱 80K，2017.Ⅶ.19，潘朝晖。

分布：西藏、广东、广西、海南、云南；泰国，老挝，缅甸，越南，印度，菲律宾。

（五七）珐蛱蝶属 *Phalanta* Horsfield, [1829]

中小型蛱蝶。前翅边缘较直，后翅外缘轻微波浪状，翅面橙黄色，有黑色斑点，外缘线黑色，翅脉清晰。

主要分布于东洋区，国内已知 2 种。

156. 珐蛱蝶 *Phalanta phalantha* (Drury, [1773]) *

中型蛱蝶。雌雄同型。翅背面橙黄色，前后翅亚外缘有锯齿状黑色线纹，翅面满布有不规则大小不一黑色斑点，腹面黄色略淡，黑色纹浅，有浅淡紫色斑。雌蝶翅腹面淡紫色斑更明显。

1 年多代，成虫见于 5～10 月；幼虫以杨柳科植物为寄主。

验视标本：1♀，墨脱 108K，2014.Ⅷ.6，潘朝晖。

分布：西藏、福建、广东、广西、海南、云南、台湾、香港；泰国，老挝，越南，缅甸，印度。

①♂
文蛱蝶
背崩 2018–07–15

❶♂
文蛱蝶
背崩 2018–07–15

②♂
彩蛱蝶
2017–07–19

❷♂
彩蛱蝶
2017–07–19

③♀
珐蛱蝶
墨脱 2014-08-06

❸♀
珐蛱蝶
墨脱 2014-08-06

（五八）辘蛱蝶属 *Cirrochroa* Doubleday, 1847

大型蛱蝶。雄蝶翅面为鲜明的橙黄色或橙红色，具黑色斑纹，雌蝶色泽较暗，黑纹较雄蝶更为发达。分布于东洋区，国内已知 2 种。

157. 辘蛱蝶 *Cirrochroa aoris* Doubledday, 1847

中大型蛱蝶。雄蝶翅背面浅橙红色，前翅前缘及外缘具黑边，外缘有浅黑色波状纹，中室有 1 条浅色短条，中域贯穿 1 条波状纹，后翅中部有一条黑色中线，外侧伴有 1 列黑斑。雌蝶翅背面为灰褐色，白斑非常发达。

成虫多见于 7 ~ 8 月。

验视标本：1♂，墨脱 80K，2018.Ⅶ.13，潘朝晖。

分布：西藏；印度，缅甸，不丹，泰国，老挝，越南。

（五九）豹蛱蝶属 *Argynnis* Fabricius, 1807

中型蛱蝶。雌雄异型。雄蝶翅背面橙黄色，雌蝶翅背面呈两色型，分别为黄色型及灰色型，具不规则黑色圆形斑点和线状斑纹，后翅腹面灰绿色，具有金属光泽，有白线及眼斑。雄蝶前翅具 4 条黑色性标。

主要分布于古北区，国内已知 1 种。

158. 绿豹蛱蝶 *Argynnis paphia* (Linnaeus,1758)

中型蛱蝶。雌雄异型。雄蝶翅背面橙黄色，雌蝶翅背面呈两色型，分别为黄色型及灰色型，具不规则黑色圆形斑点和线状斑纹，后翅腹面灰绿色，具有金属光泽，有白线及眼斑。雄蝶前翅具 4 条黑色性标。中室内具 4 条短纹，后翅腹面基部灰色，具不规则波状横线及圆斑。前翅顶角灰绿色，黑斑比背面显著；后翅腹面灰绿色，具有金属光泽，无黑斑，具有银白色线条及眼状纹。

1 年 1 代，成虫多见于 6 ~ 8 月。

验视标本：1♂，察隅龙村，2014.Ⅸ.9，潘朝晖；1♀，察隅县城，2019.Ⅵ.29，潘朝晖；1♂，上察隅，2015.Ⅵ.25，潘朝晖。

分布：全国；日本，朝鲜半岛，欧洲，非洲。

①♂
辘蛱蝶
墨脱 2018-07-13

❶♂
辘蛱蝶
墨脱 2018-07-13

②♂
绿豹蛱蝶
察隅龙村 2014-09-09

❷♂
绿豹蛱蝶
察隅龙村 2014-09-09

③♀
绿豹蛱蝶
察隅县城 2019-06-29

❸♀
绿豹蛱蝶
察隅县城 2019-06-29

④♂
绿豹蛱蝶
上察隅 2015-06-25

❹♂
绿豹蛱蝶
上察隅 2015-06-25

（六〇）老豹蛱蝶属 *Argyronome* Hübner, 1819

中型蛱蝶。成虫翅背面暗橙黄色，具黑色圆形斑点，翅形较圆，雌雄蝶均有黑色性标。后翅背面基半部颜色较浅，端部颜色深。

分布于古北区，国内已知 2 种。

159. 老豹蛱蝶 *Argyronome laodice* Pallas, 1771

中型蛱蝶。翅背面暗橙黄色，前翅具有 2 条性标，具有 3 列黑色圆形斑点，前翅腹面斑纹与背面相同，后翅基半部黄绿色，具有 2 条褐色细线，外侧有 5 个褐色圆斑。

1 年 1 代，成虫多见于 6~8 月。

验视标本：1♂，波密易贡，2018. Ⅸ.10，潘朝晖。

分布：西藏、黑龙江、新疆、辽宁、河北、河南、陕西、山西、甘肃、青海、江苏、浙江、湖南、湖北、江西、四川、福建、云南、台湾；中亚地区及欧洲。

（六一）银豹蛱蝶属 *Childrena* Hemming, 1943

大型蛱蝶。与豹蛱蝶属相似。翅黄褐色，具有黑色斑点，性标有 3 条，后翅腹面绿色，具有银白色纵横交错的网状纹。

主要分布于古北区、东洋区，国内已知 2 种。

160. 银豹蛱蝶 *Childrena children* (Gray,1831)

大型蛱蝶。翅背面橙黄色，斑纹黑色。前翅外缘有 1 条黑细线和 1 列相连的小斑，亚外缘有 2 列近圆形斑，中域另一近圆形斑列弧形弯曲，中室内有 4 条曲折横线。雄蝶在 Cu_1、Cu_2 和 2A 3 条脉上有黑褐色性标；后翅外缘波状，外缘和亚外缘斑列似前翅，中域斑列弯曲，后缘近基部密披橙黄色长毛，外缘中下部有一宽阔的青蓝色区。雌蝶翅青蓝色区更宽，前翅反面顶角区淡黄褐色，有 2 条白色短弧线，形成 1 个缺环，翅灰绿色，有许多银白色纵横交错的网状纹。

验视标本：1♂，墨脱背崩，2017. Ⅵ.9，潘朝晖；1♀，波密易贡，2018. Ⅹ.11，潘朝晖。

分布：西藏、陕西、湖北、云南、浙江、江西、福建、广东；印度，缅甸。

①♂
老豹蛱蝶
波密易贡 2018-09-10

❶♂
老豹蛱蝶
波密易贡 2018-09-10

②♂
银豹蛱蝶
墨脱背崩 2017-06-09

❷♂
银豹蛱蝶
墨脱背崩 2017-06-09

③♀
银豹蛱蝶
波密易贡 2018-10-11

❸♀
银豹蛱蝶
波密易贡 2018-10-11

（六二）斐豹蛱蝶属 *Argyreus* Scopoli, 1777

中型蛱蝶。雌雄异型。雄蝶翅背面橙黄色，有蓝白色细弧状纹，具黑色斑点。前翅端半部黑色，中有白色斜带。翅腹面与背面差异较大，前翅顶角暗绿色有白斑，后翅斑纹暗绿色。

主要分布在古北区、东洋区、古热带区、新北区，国内已知1种。

161. 斐豹蛱蝶 *Argyreus hyperbius* (Linnaeus, 1763)

中型蛱蝶。雌雄异型。雄蝶翅背面橙黄色，有蓝白色细弧状纹，具黑色斑点。前翅端半部黑色，中有白色斜带。翅腹面与背面差异大，前翅顶角暗绿色有白斑，后翅斑纹暗绿色，外缘内侧具5个银色白斑。

1年多代，成虫见于5~11月，幼虫以堇菜科堇菜属植物为寄主。

验视标本：1♂，墨脱80K，2016.Ⅶ.30，潘朝晖；1♂，墨脱，2016.Ⅷ.3，潘朝晖；1♀，墨脱，2018.Ⅶ.13，潘朝晖。

分布：全国各地均有分布；日本，菲律宾，印度尼西亚，缅甸，泰国，尼泊尔，孟加拉国，以及朝鲜半岛，欧洲，非洲，北美洲。

（六三）斑豹蛱蝶属 *Speyeria* Scudder, 1872

中型蛱蝶。成虫翅橙黄色，具黑色斑点，后翅腹面具圆形或者方形的银色斑点。

分布于古北区、新北区，国内已知2种。

162. 镁斑豹蛱蝶 *Speyeria clara* (Blanchard, 1844)

中型蛱蝶。与银斑豹蛱蝶相似，个体较小，翅形更圆润，翅背面黄褐色，较银斑豹蛱蝶深。后翅腹面底色绿色，散落不规则的条状银斑。

验视标本：2♂♂，察隅德姆拉山，1983.Ⅶ.28，韩寅恒。

分布：西藏、新疆。

163. 银斑豹蛱蝶 *Speyeria aglaja* (Linnaeus, 1758)

中型蛱蝶。翅背面黄褐色，外缘具1条黑色宽带。雄蝶前翅具有3条性标。前翅腹面顶角暗绿色，外侧具有近圆形的银色斑纹。雌蝶前翅腹面有很小的银色纹，后翅暗绿色。

1年1代，成虫多见于6~8月。

验视标本：1♀，江达，1976.Ⅷ.30，3 400 m，采集人不详。

分布：全国各地均有分布；日本，俄罗斯，英国，朝鲜半岛。

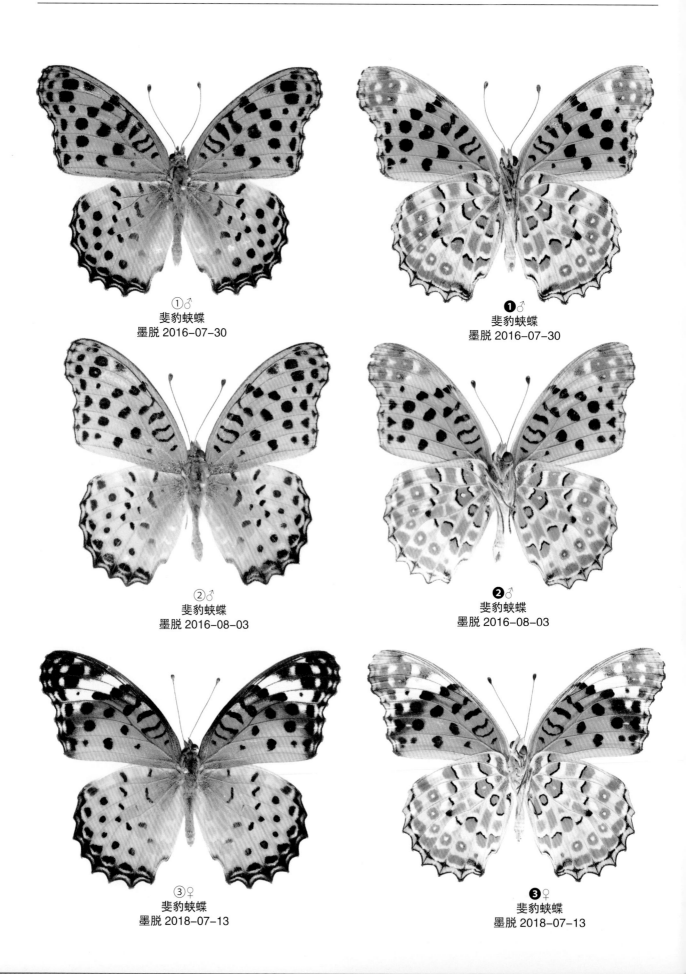

①♂
斐豹蛱蝶
墨脱 2016-07-30

❶♂
斐豹蛱蝶
墨脱 2016-07-30

②♂
斐豹蛱蝶
墨脱 2016-08-03

❷♂
斐豹蛱蝶
墨脱 2016-08-03

③♀
斐豹蛱蝶
墨脱 2018-07-13

❸♀
斐豹蛱蝶
墨脱 2018-07-13

④♂
镁斑豹蛱蝶
察隅德姆拉山 1983-07-28

❹♂
镁斑豹蛱蝶
察隅德姆拉山 1983-07-28

⑤♂
镁斑豹蛱蝶
察隅德姆拉山 1983-07-28

❺♂
镁斑豹蛱蝶
察隅德姆拉山 1983-07-28

⑥♀
银斑豹蛱蝶
江达 1976-08-30

❻♀
银斑豹蛱蝶
江达 1976-08-30

（六四）福蛱蝶属 *Fabriciana* Reuss, 1920

中大型蛱蝶。成虫翅背面黄褐色，具有黑色圆斑，前翅背面具有 1 ~ 2 条性标，后翅腹面黄绿色，有圆形或者方形银白色斑。

分布于古北区和东洋区，国内已知 5 种。

164. 灿福蛱蝶 *Fabriciana adippe* (Schiffermuller, 1775)

中型蛱蝶。翅背面橙黄色，具有黑色斑点。雄蝶前翅具有 2 条性标，前翅顶角黑褐色，腹面浅橙黄色，顶角淡绿色，后翅腹面黄绿色。

1 年 1 代，成虫多见于 5 ~ 8 月，幼虫寄主为堇菜科植物。

验视标本：1♂，察隅龙古村，2014. Ⅵ. 19，潘朝晖。

分布：西藏、黑龙江、山东、河南、四川、陕西、云南、江苏、湖北、甘肃、辽宁；日本，俄罗斯，朝鲜半岛。

（六五）珍蛱蝶属 *Clossiana* Reuss, 1920

小型蛱蝶。成虫翅底色为黄褐色，翅背面分布有黑斑，腹面后翅中域带斑常是本属种类鉴定的依据。

主要分布于古北区、新北区，国内已知 20 种。

165. 珍蛱蝶 *Clossiana gong* (Oberthür, 1884)

小型蛱蝶。翅背面黄褐色，前翅中室及中室外有数枚黑斑，后翅基半部黑色或有黑斑（依据产地不同），亚缘及外缘有黑斑列；腹面后翅基半部及翅外缘有银白色长斑。

成虫多见于 5 ~ 7 月。

验视标本：2♂♂，察隅德姆拉山，2019. Ⅵ. 28，潘朝晖；1♂，色季拉山定位站，2011. Ⅵ. 25，潘朝晖。

分布：西藏、四川、陕西、甘肃、青海、云南。

①♂
灿福蛱蝶
察隅龙古村 2014-06-19

❶♂
灿福蛱蝶
察隅龙古村 2014-06-19

②♂
珍蛱蝶
德姆拉山 2019-06-28

❷♂
珍蛱蝶
德姆拉山 2019-06-28

③♂
珍蛱蝶
德姆拉山 2019-06-28

❸♂
珍蛱蝶
德姆拉山 2019-06-28

④♂
珍蛱蝶
色季拉山定位站 2011-06-25

❹♂
珍蛱蝶
色季拉山定位站 2011-06-25

（六六）珠蛱蝶属 *Issoria* Hübner, [1819]

中小型蛱蝶。成虫翅背面黄褐色，翅面基半部有黑斑数枚，亚外缘斑圆形，前翅顶角尖锐；腹面后翅没有中域带，银色斑发达。

分布于古北区，国内已知 4 种。

166. 曲斑珠蛱蝶 *Issoria eugenia* (Eversmann, 1847)

小型蛱蝶。背面翅面黄褐色，前翅中室、中室外侧有数枚黑斑，后翅基半部色黑，前、后翅亚外缘斑圆形，外近三角形；腹面后翅红褐色，多分布有银色斑。

1 年 1 代，成虫多见于 6 ~ 7 月。

验视标本：1♂，察隅德姆拉山，2019. Ⅵ. 28，潘朝晖。

分布：西藏、陕西、甘肃、青海、云南、四川；蒙古，俄罗斯等。

167. 珠蛱蝶 *Issoria lathonia* (Linnaeus, 1758)*

中型蛱蝶。背面翅面黄褐色，前翅中室、各翅室间有黑斑，后翅基半部、亚外缘、外缘有黑斑分布，前翅翅基、后翅臀缘有黑绿色鳞片；腹面前翅顶角处有银白斑，后翅大片区域被银色斑覆盖。

成虫多见于 5 ~ 8 月。

验视标本：1♂，察隅龙古村，2014. Ⅵ. 19，潘朝晖。

分布：西藏、新疆、云南；阿富汗，俄罗斯。

168. 西藏珠蛱蝶 *Issoria gemmata* (Butler, 1881)

小型蛱蝶。和曲斑珠蛱蝶相近，区别在于背面后翅基半部黑色，覆盖面积大；腹面后翅基部有明显的暗红色斑。而曲斑珠蛱蝶是红褐色区域。

1 年 1 代，成虫多见于 7 月。

验视标本：1♂，鲁朗，2012. Ⅶ. 28，潘朝晖；1♂，墨脱大岩洞，2013. Ⅷ. 1，潘朝晖。

分布：西藏；印度，尼泊尔。

① ♂
曲斑珠蛱蝶
德姆拉山 2019-06-28

❶ ♂
曲斑珠蛱蝶
德姆拉山 2019-06-28

② ♂
珠蛱蝶
察隅龙古村 2014-06-19

❷ ♂
珠蛱蝶
察隅龙古村 2014-06-19

③♂
西藏珠蛱蝶
鲁朗 2012-07-28

❸♂
西藏珠蛱蝶
鲁朗 2012-07-28

④♂
西藏珠蛱蝶
墨脱大岩洞 2013-08-01

❹♂
西藏珠蛱蝶
墨脱大岩洞 2013-08-01

（六七）枯叶蛱蝶属 *Kallima* Doubleday, [1849]

大型蛱蝶。前翅顶角和后翅臀角明显向外延长突出。翅背面底色暗褐色，带偏蓝色金属光泽，前翅顶区附近有 1 个白斑，中央有 1 条橙色或蓝色阔带，其后方有 1 ~ 2 个透明斑。翅腹面形似枯叶，斑纹多变，底色呈黄褐色至深褐色，顶角至臀角有 1 条明显的直纹。

分布于东洋区，国内已知 4 种。

169. 枯叶蛱蝶 *Kallima inachus* (Doyére, 1840)

大型蛱蝶。翅背底色暗褐色，带深蓝色金属光泽，两翅亚外缘有 1 条深褐色波纹，前翅中央夹有 1 条橙色阔带，其后方有 1 个椭圆形透明斑。翅腹面斑纹如本属的描述。

1 年多代，幼虫以爵床科多种马蓝属植物为寄主。

验视标本：1♂，墨脱 108K，2013.Ⅷ.6，潘朝晖；1♂，墨脱阿尼桥，2006.Ⅷ.13，郎嵩云。

分布：西藏、陕西、四川、江西、湖南、浙江、福建、广西、广东、云南、海南、台湾；日本，越南，缅甸，泰国，印度。

170. 指斑枯叶蛱蝶 *Kallima alicia* Joicey & Talbot, 1921

大型蛱蝶。与枯叶蛱蝶极相似，主要区别为：本种翅背面亚外缘的深褐色波纹不明显或消退；本种前翅背面橙色阔带后侧的深褐色带明显较阔，其于前缘附近有 1 个指形斑伸入橙色阔带内。

1 年多代，成虫全年可见，幼虫以爵床科多种马蓝属植物为寄主。

验视标本：1♂，墨脱，2016.Ⅷ.3，潘朝晖。

分布：西藏、云南、海南；缅甸，泰国，老挝，越南。

171. 蓝带枯叶蛱蝶 *Kallima knyetti* de Nicéville, 1886

大型蛱蝶。翅背面底色暗褐色，带暗蓝色金属光泽，两翅亚外缘有 1 条深褐色波纹，前翅中央有 1 条灰蓝色阔带，其后方有 1 个椭圆形透明斑。翅腹面斑纹如本属介绍。

1 年多代，成虫多见于 6 ~ 8 月，幼虫以爵床科植物为寄主。

验视标本：1♂，墨脱达木乡达木村，2015.Ⅶ.26，潘朝晖；1♂，墨脱阿尼桥，2006.Ⅷ.12，陈付强。

分布：西藏、云南；缅甸，泰国，老挝，印度东北部。

①♂
枯叶蛱蝶
墨脱 2013-08-06

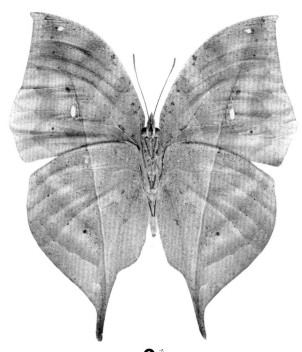

❶♂
枯叶蛱蝶
墨脱 2013-08-06

②♂
枯叶蛱蝶
墨脱阿尼桥 2006-08-13

❷♂
枯叶蛱蝶
墨脱阿尼桥 2006-08-13

③♂
指斑枯叶蛱蝶
墨脱 2016-08-03

❸♂
指斑枯叶蛱蝶
墨脱 2016-08-03

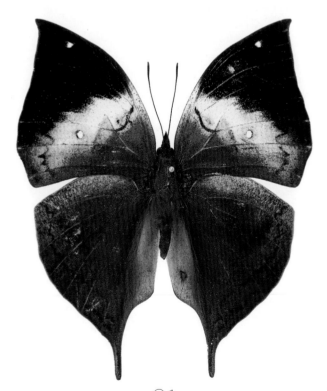

④♂
蓝带枯叶蛱蝶
墨脱达木村 2015-07-26

❹♂
蓝带枯叶蛱蝶
墨脱达木村 2015-07-26

⑤♂
蓝带枯叶蛱蝶
墨脱阿尼桥 2006-08-12

❺♂
蓝带枯叶蛱蝶
墨脱阿尼桥 2006-08-12

（六八）斑蛱蝶属 *Hypolimnas* Hübner, 1819

中型蛱蝶。翅面黑色，前翅角向外突出，后翅外缘波浪状，具黄色斑和蓝紫色斑，具有光泽。

分布于东洋区，国内已知 3 种。

172. 幻紫斑蛱蝶 *Hypolimnas bolina* (Linnaeus, 1758)

中大型蛱蝶。雌雄异型。雄蝶翅背面黑色，前翅顶角有 2 个并排白斑，前、后翅各有 1 个蓝白色向紫色过渡眼斑，不同角度产生紫色光泽，亚外缘有数个白点，腹面后翅外缘有波浪纹，亚外缘各室有白色斑块，靠前缘有 1 个白斑；雌蝶前翅亚外缘白点较大，后翅亚外缘 2 列白斑发达，外缘波浪白线，蓝白色眼斑较细，有部分个体蓝斑色斑消失，后翅全黑褐色。

1 年多代，幼虫主要以旋花科篱栏网、番薯，苋科喜旱莲子草等植物为寄主。

验视标本：1♂，墨脱背崩，2015.Ⅴ.10，潘朝晖。

分布：西藏、浙江、江西、福建、广东、广西、云南、四川、海南、香港、台湾；泰国，越南，缅甸，老挝，印度，马来西亚。

（六九）蛱蝶属 *Nymphalis* Kluk, 1780

中型蛱蝶。翅背面黑色或橙红色，前翅顶角突出，饰有灰白色短斑。前、后翅外缘锯齿状。腹面和背面的斑纹不同，前、后翅黑褐色或黄褐色，有极密的黑褐色波状细纹或复杂暗横带，中室有白色小点。

主要分布于古北区和东洋区，国内已知 3 种。

173. 朱蛱蝶 *Nymphalis xanthomelas* (Esper, 1781) *

中型蛱蝶。外缘锯齿状。前、后翅背面橙红色，顶角有黄白色短斑，外缘有暗褐色宽带，宽带间杂有黄褐色与青蓝色斑纹。中室外和端部有 2 个较大黑斑，内有 2 个相连的黑色圆斑，中部和后缘饰有 4 个黑斑。后翅背面有较大黑斑，翅基色较暗。翅腹面前、后翅密布波状细纹。

1 年 1 代，成虫多见于 6~7 月，幼虫以杨柳科、榆科和桦木科植物为寄主。

验视标本：1♂，墨脱，2013.Ⅷ.3，潘朝晖；2♂♂，巴宜区，2018.Ⅶ.2，潘朝晖；1♀，高原生态研究所，1996.Ⅶ.3，采集人不详。

分布：西藏、辽宁、山西、河北、河南、陕西；日本，朝鲜半岛，欧洲。

174. 黄缘蛱蝶 *Nymphalis antiopa* (Linnaeus, 1758) *

中型蛱蝶。前翅顶角突出，饰有黄色斜斑，外缘齿状。前、后翅背面外缘有灰黄色宽边，亚外缘饰有蓝色的斑列。腹面和背面的斑纹不同，前、后翅除外缘有黄白色宽边外，其余黑褐色，饰有极密的黑褐色波状细纹，中室有白色小点。

1 年 1 代，成虫多见于 7~8 月，幼虫以杨柳科、榆科等植物为寄主。

验视标本：1♂，米林县南伊沟，2019.Ⅳ.12，潘朝晖。

分布：西藏、北京、黑龙江、陕西、甘肃、新疆；日本，朝鲜半岛，欧洲西部。

①♂
幻紫斑蛱蝶
墨脱背崩 2015-05-10

❶♂
幻紫斑蛱蝶
墨脱背崩 2015-05-10

②♂
朱蛱蝶
墨脱 2013-08-03

❷♂
朱蛱蝶
墨脱 2013-08-03

③♂
朱蛱蝶
巴宜区 2018-07-02

❸♂
朱蛱蝶
巴宜区 2018-07-02

④♂
朱蛱蝶
巴宜区 2018-07-02

❹♂
朱蛱蝶
巴宜区 2018-07-02

⑤♀
朱蛱蝶
高原生态研究所 1996-07-03

❺♀
朱蛱蝶
高原生态研究所 1996-07-03

⑥♂
黄缘蛱蝶
米林南伊沟 2019-04-12

❻♂
黄缘蛱蝶
米林南伊沟 2019-04-12

（七〇）麻蛱蝶属 *Aglais* Dalman, 1816

中型蛱蝶。前翅顶角突出，后翅外缘呈齿状。前、后翅背面多以暗红色为主，并饰有黄色和黑色斑点，外缘有新月状蓝色斑列。前翅顶角有白色斑，中室内、外有方形黑斑，前、后翅翅基和后缘黑色。腹面翅色呈暗色并密布细小条纹。

分布于古北区，国内已知 4 种。

175. 中华荨麻蛱蝶 *Aglais chinensis* (Leech, 1893)

中型蛱蝶。斑纹与荨麻蛱蝶相似。前翅背面橘红色，顶角有白斑，前缘黄色有 3 块黑斑，中域有 2 个较小黑斑，后缘有 1 个较大黑斑，后翅背面大部黑色，前、后翅外缘黑色带中有蓝色新月状斑列。腹面呈暗色并密布细小条纹，外缘有模糊的蓝色新月斑。

成虫多见于 5~8 月，幼虫以荨麻科植物为寄主。

验视标本：2♂♂，八一镇，2018.Ⅸ.2，潘朝晖。

分布：西藏、云南、四川。

176. 西藏荨麻蛱蝶 *Aglais ladakensis* Moore, 1882

中型蛱蝶。前翅背面顶角有 1 块白斑，前缘黄色有 3 块黑斑，中域有 2 个较小黑斑，后缘中部有较大黑斑。前翅中室端黑斑与后缘黑斑相连成 S 形横带，外缘黑色带无蓝色斑列。后翅背面外缘黑色带内有蓝色新月斑。腹面翅色呈暗色并有细小条纹。

成虫多见于 7 月，幼虫以荨麻科植物为寄主。

验视标本：1♂，佩枯错，2017.Ⅷ.25，潘朝晖。

分布：西藏、甘肃、青海。

（七一）琉璃蛱蝶属 *Kaniska* kluk, 1780

中型蛱蝶。翅背面黑色，前翅顶角突出，饰有白色斑点。前、后翅外缘齿状，亚外缘有蓝色宽带纵贯前后翅，宽带内饰有黑色点列。翅腹面和背面的斑纹不同，前、后翅黑褐色，有极密的黑色波状细纹。

主要分布于古北区和东洋区，国内已知 1 种。

177. 琉璃蛱蝶 *Kaniska canace* (Linnaeus, 1763) *

中型蛱蝶。前翅顶角突出并饰有小白斑。前、后翅背面深蓝黑色，亚外缘有 1 条蓝色宽带，在前翅呈 Y 状，宽带内饰有黑色点列。后翅外缘中部突出呈齿状。翅腹面和背面的斑纹不同，前、后翅斑纹繁杂，以黑褐色为主，密布黑色波状细纹。

成虫多见于 5~10 月，幼虫以菝葜科、百合科植物为寄主。

验视标本：1♂，巴宜区八一镇，2018.Ⅷ.2，潘朝晖；1♂，波密易贡，2016.Ⅵ.27，潘朝晖。

分布：西藏、江苏、福建、广东、广西、甘肃、香港；日本，印度，缅甸，泰国，马来西亚。

①♂
中华荨麻蛱蝶
八一镇 2018-09-02

❶♂
中华荨麻蛱蝶
八一镇 2018-09-02

②♂
中华荨麻蛱蝶
八一镇 2018-09-02

❷♂
中华荨麻蛱蝶
八一镇 2018-09-02

③♂
西藏荨麻蛱蝶
佩枯错 2017-08-25

❸♂
西藏荨麻蛱蝶
佩枯错 2017-08-25

④♂
琉璃蛱蝶
巴宜区八一镇 2018-08-02

❹♂
琉璃蛱蝶
巴宜区八一镇 2018-08-02

⑤♂
琉璃蛱蝶
波密易贡 2016-06-27

❺♂
琉璃蛱蝶
波密易贡 2016-06-27

（七二）钩蛱蝶属 *Polygonia* Hübner,1819

中型蛱蝶。成虫背面橙褐色，前、后翅分布有黑斑，外缘齿突状，腹面模拟枯叶颜色，随季节而变化，后翅中室端有白色钩状斑。

我国大部分地区都有，国内记载 7 种。

178. 白钩蛱蝶 *Polygonia c-album* (Linnaeus, 1758)

中型蛱蝶。背面翅面橙褐色，前翅中室中部 2 个黑斑，中室端有 1 个长方形黑斑，中室外侧有黑斑数个，后翅基半部、亚外缘有黑斑和斑带，前、后翅外缘有齿状突；腹面模拟枯叶颜色，随季节而变化，后翅中室端有白色钩状斑。

成虫常年可见，幼虫寄主植物为榆树等。

验视标本：1♂，色季拉山定位站，2012. Ⅷ. 27，潘朝晖；1♂，米林里龙沟，2019. Ⅵ. 10，杨棋程。

分布：西藏，我国北方、中西部地区；日本，朝鲜半岛，印度，尼泊尔，不丹，蒙古，欧洲。

（七三）红蛱蝶属 *Vanessa* Fabricius, 1807

中型蛱蝶。前、后翅外缘呈齿状，翅背面底色为橘红色，并缀有白色斑点，中室外有白斑。后翅外缘及翅脉端部呈黑色，亚外缘有黑色斑列。除前翅斑纹相似外，后翅呈褐色的复杂斑纹。

分布于古北区、东洋区，国内记载 2 种。

179. 大红蛱蝶 *Vanessa indica* (Herbst, 1794)

中型蛱蝶。翅背面大部黑褐色，外缘波状。前翅顶角突出，饰有白色斑，下方斜列 4 个白斑，中部有不规则红色宽横带，内有 3 个黑斑。后翅大部暗褐色，外缘红色，亚外缘有 1 列黑色斑。翅腹面前翅顶角茶褐色，中室端部显蓝色斑纹。后翅有茶褐色的复杂云状斑纹，外缘有 4 枚模糊的眼斑。

成虫多见于 5～10 月，幼虫以荨麻科、榆科等植物为寄主。

验视标本：1♂，巴宜区八一镇，2018. Ⅸ. 29，潘朝晖；1♂，波密易贡，2018. Ⅶ. 7，潘朝晖。

分布：全国各地；亚洲东部、欧洲、非洲西北部。

180. 小红蛱蝶 *Vanessa cardui* (Linnaeus, 1758)

中型蛱蝶。后翅背面大部橘红色，体形稍小。前、后翅背面以橘红色为主。前翅顶角饰有白斑，中部有不规则红色横带，内有 3 个黑斑相连。后翅背面橘红色，外缘及亚外缘有黑色斑列。翅腹面和背面的斑纹有区别。后翅有黄褐色云状斑纹。

成虫多见于 5～10 月，幼虫以荨麻科、锦葵科和菊科植物为寄主。

验视标本：1♂，波密易贡，2018. Ⅵ. 5，潘朝晖。

分布：全国各地；世界各地。

①♂
白钩蛱蝶
色季拉山定位站 2012-08-27

❶♂
白钩蛱蝶
色季拉山定位站 2012-08-27

②♂
白钩蛱蝶
米林里龙沟 2019-06-10

❷♂
白钩蛱蝶
米林里龙沟 2019-06-10

③♂
大红蛱蝶
巴宜区八一镇 2018-09-29

❸♂
大红蛱蝶
巴宜区八一镇 2018-09-29

④♂
大红蛱蝶
波密易贡 2018-07-07

❹♂
大红蛱蝶
波密易贡 2018-07-07

⑤♂
小红蛱蝶
波密易贡 2018-06-05

❺♂
小红蛱蝶
波密易贡 2018-06-05

（七四）眼蛱蝶属 *Junonia* Hübner, 1819

中型蛱蝶。成虫翅面颜色多样，有橙、黄、白、蓝、褐等色彩，颜色鲜艳，翅面具有明显发达的眼斑。分布于东洋区，国内记载6种。

181. 美眼蛱蝶 *Junonia almana* (Linnaeus, 1758)

中型蛱蝶。雌雄同型。分为湿季型和旱季型。翅背面橙色，前翅分布3个眼斑，顶角区有2个相连较小的眼斑及中域有1个较大眼斑，后翅有2个眼斑，靠前缘有1枚最大的眼斑，往下有1个小眼斑，前、后翅亚外缘有波浪黑线。旱季型前翅角起钩、凸出，后翅臀角凸出，腹面如同枯叶颜色。

1年多代，成虫全年可见，幼虫以玄参科、苋科、车前科等多种植物为寄主。

验视标本：1♂，墨脱背崩，2011.Ⅷ.13，潘朝晖。

分布：西藏、河北、河南、陕西、云南、四川、湖北、湖南、江苏、浙江、福建、江西、广东、广西、海南、香港、台湾；泰国，越南，缅甸，老挝，马来西亚，柬埔寨，不丹，印度。

182. 翠蓝眼蛱蝶 *Junonia orithya* (Linnaeus, 1758) *

中型蛱蝶。雌雄异型。分为湿季型和旱季型。雄蝶前翅背面黑色，靠亚外缘分布2枚眼斑，亚顶区有2条平行的斜白带，亚外缘有白色，后翅为暗蓝色，分布2枚眼斑。雌蝶各眼斑较大，翅面颜色较浅，后翅蓝色区域小。旱季型前翅角起钩、凸出，后翅腹面枯叶颜色。

1年多代，成虫多见于7～10月，幼虫主要以爵床科假杜鹃、马鞭草科马鞭草等多种植物为寄主。

验视标本：1♀，下察隅，2016.Ⅶ.10，潘朝晖；1♂，察隅龙古村，2017.Ⅷ.1，呼景阔；1♀，墨脱80K，2011.Ⅷ.16，潘朝晖；1♂，墨脱80K，2014.Ⅷ.1，潘朝晖。

分布：西藏、陕西、河南、江西、湖北、湖南、浙江、云南、广东、广西、福建、香港、台湾；日本，中东，印度（含锡金邦），斯里兰卡，尼泊尔，不丹，缅甸，泰国，菲律宾，越南，缅甸，老挝，马来西亚，柬埔寨，以及非洲、南美洲、北美洲。

183. 波纹眼蛱蝶 *Junonia atlites* (Linnaeus, 1763)

中型蛱蝶。雌雄同型。翅背面灰白色，波纹线较多。前翅角起钩、凸出，中室4条黑色波纹线，前、后翅亚外缘有2列波纹线，外中区有1列大小不一眼斑，雌蝶体形较大，翅背面偏褐黄色。

1年多代，成虫多见于4～11月，幼虫以苋科喜旱莲子草、爵床科水蓑衣属等多种植物为寄主。

验视标本：1♂，墨脱，2016.Ⅷ.3，潘朝晖。

分布：西藏、广东、广西、海南、云南、四川；泰国，马来西亚，菲律宾，越南，缅甸，老挝，印度。

184. 钩翅眼蛱蝶 *Junonia iphita* (Cramer,[1779])

中型蛱蝶。雌雄同型。翅背面深褐色，没有明显眼斑，前翅角起钩、突出，后翅臀角突出，前、后翅亚外缘有波浪线纹，外中区有1列模糊眼点，腹面仿枯叶纹理。雌蝶体形较大，颜色偏黄。

1年多代，成虫多见于3～11月，幼虫主要以爵床科多种植物为寄主。

验视标本：2♂♂，墨脱，2016.Ⅷ.3，潘朝晖；1♂，墨脱，2018.Ⅶ.28，潘朝晖；1♂，墨脱108K，2011.Ⅷ.21，潘朝晖；1♂，八一镇，2014.Ⅵ.6，潘朝晖；1♂，墨脱背崩，2017.Ⅴ.10，潘朝晖。

分布：西藏、江苏、浙江、湖南、江西、四川、广西、广东、海南、台湾、香港；泰国，马来西亚，越南，缅甸，老挝，印度，斯里兰卡，尼泊尔。

①♂
美眼蛱蝶
墨脱背崩 2011-08-13

❶♂
美眼蛱蝶
墨脱背崩 2011-08-13

②♀
翠蓝眼蛱蝶
下察隅 2016-07-10

❷♀
翠蓝眼蛱蝶
下察隅 2016-07-10

③♂
翠蓝眼蛱蝶
察隅龙古村 2017-08-01

❸♂
翠蓝眼蛱蝶
察隅龙古村 2017-08-01

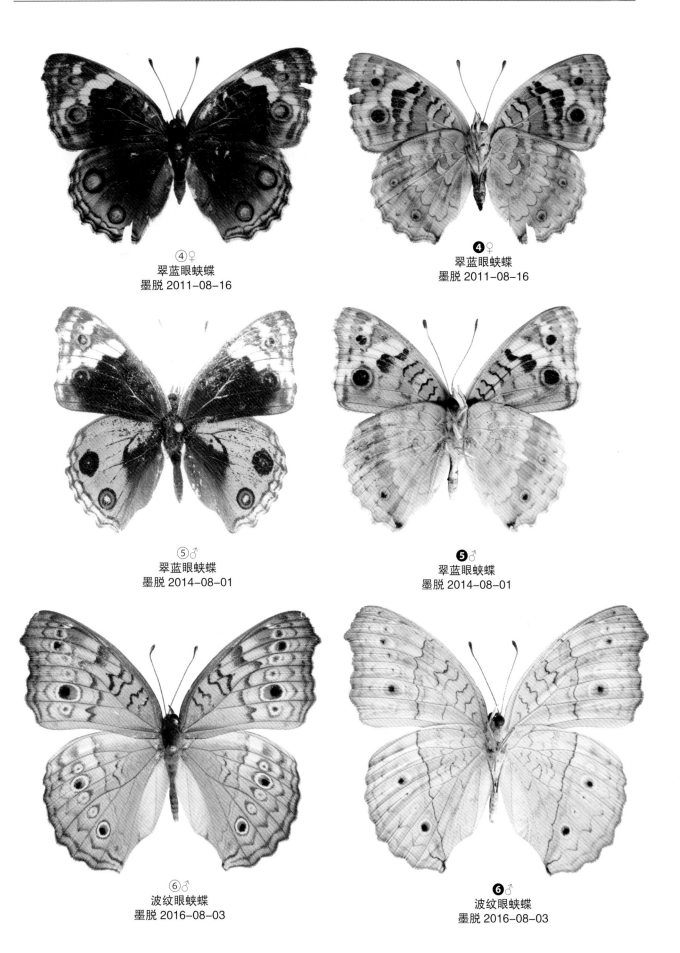

④♀
翠蓝眼蛱蝶
墨脱 2011-08-16

❹♀
翠蓝眼蛱蝶
墨脱 2011-08-16

⑤♂
翠蓝眼蛱蝶
墨脱 2014-08-01

❺♂
翠蓝眼蛱蝶
墨脱 2014-08-01

⑥♂
波纹眼蛱蝶
墨脱 2016-08-03

❻♂
波纹眼蛱蝶
墨脱 2016-08-03

⑦♂
钩翅眼蛱蝶
墨脱 2016-08-03

❼♂
钩翅眼蛱蝶
墨脱 2016-08-03

⑧♂
钩翅眼蛱蝶
墨脱 2016-08-03

❽♂
钩翅眼蛱蝶
墨脱 2016-08-03

⑨♂
钩翅眼蛱蝶
墨脱 2018-07-28

❾♂
钩翅眼蛱蝶
墨脱 2018-07-28

⑩♂
钩翅眼蛱蝶
墨脱 2011-08-21

❿♂
钩翅眼蛱蝶
墨脱 2011-08-21

⑪♂
钩翅眼蛱蝶
墨脱八一镇 2014-06-06

❶♂
钩翅眼蛱蝶
墨脱八一镇 2014-06-06

⑫♂
钩翅眼蛱蝶
墨脱背崩 2017-05-10

❷♂
钩翅眼蛱蝶
墨脱背崩 2017-05-10

（七五）盛蛱蝶属 *Symbrenthia* Hübner,1819

小型蛱蝶。雌雄斑纹相似，翅背面底色为黑褐色，上有黄色斑点与条纹，翅腹面底色为黄色，有黑色或红褐色斑纹及斑线。

分布于东洋区及澳洲区，国内记载 8 种。

185. 散纹盛蛱蝶 *Symbrenthia lilaea* Hewitson, 1864

小型蛱蝶。尾突较明显，翅背面底色为黑褐色，前、后翅有 3 道横向的橙黄色条纹呈带状排列，其中部分个体会在中室近端部断裂，第 2 道带由前翅外侧斑纹及后翅基部条带构成，最后一道为后翅亚外缘的条带，前翅顶角附近还有数个大小不等的橙斑。翅腹面底色为黄色，布满由红褐色斑纹及线条组成的复杂花纹。

1 年多代，成虫多见于 5 ~ 8 月，幼虫寄主植物为荨麻科密花苎麻、水麻、台湾苎麻、柄果苎麻、青苎麻等。

验视标本：1♂，墨脱 80K，2017.Ⅶ.19，潘朝晖；1♂，墨脱 108K，2016.Ⅷ.1，潘朝晖。

分布：西藏、浙江、福建、江西、广东、广西、台湾、海南、云南、四川、重庆、湖北、贵州、香港；印度，缅甸，泰国，越南，老挝，马来西亚，印度尼西亚等。

186. 花豹盛蛱蝶 *Symbrenthia hypselis* (Godart, 1842)

小型蛱蝶。与黄豹盛蛱蝶相似，但翅背面底色更深暗、斑纹更细，呈橘红色，前翅顶角的橙斑不延伸至靠近前缘处。后翅腹面亚外缘的 5 个圈斑大，内突明显，圈斑内填满密集的蓝灰色鳞，后缘的蓝灰色纹宽而连续。

成虫多见于 5 ~ 8 月。

验视标本：1♂，墨脱 108K，2016.Ⅷ.1，潘朝晖；1♂，墨脱，2018.Ⅶ.28，潘朝晖。

分布：西藏、云南、广西、广东、海南；印度，缅甸，泰国，老挝，越南，马来西亚。

187. 冕豹盛蛱蝶 *Symbrenthia doni* Tytler, 1940

小型蛱蝶。翅腹面充满大面积的橙红色斑，中域除了有 1 条宽阔完整的橙红色条纹，还侵入黑斑中，使基部的黑斑带形成 1 个缺口，亚外缘的 5 个圈斑较孤立，不与其他斑纹相连，内为橙红色斑块。

验视标本：1♂，墨脱 96K，2017.Ⅴ.12，潘朝晖。

分布：西藏；印度，缅甸。

188. 霓豹盛蛱蝶 *Symbrenthia niphanda* Moore, 1872

小型蛱蝶。翅形宽，翅背面斑纹细，呈淡黄色，顶角黄斑到达前缘。腹面底色更淡，无橙红色斑块，后翅基部黑斑大而紧实，中域的淡黄色横带外宽内窄，5 个圈斑外缘与后翅外缘平行，呈弧形。

成虫多见于 6 ~ 8 月。

验视标本：1♂，波密易贡，2018.Ⅷ.7，潘朝晖。

分布：西藏、云南；印度，尼泊尔，不丹，缅甸，老挝。

189. 喜来盛蛱蝶 *Symbrenthia silana* de Nicéville, 1885

小型蛱蝶。翅背面斑纹橙红色，后翅前缘的橙红带中部泛白，翅腹面底色泛水红色，黑斑大而密实，与橙红色带边界清晰，5 个圈斑中下面 3 个内心为深蓝灰色。

成虫多见于 7 ~ 8 月。

验视标本：1♂，墨脱 96K，2017. Ⅴ.12，潘朝晖。

分布：西藏、海南；印度，不丹。

190. 黄豹盛蛱蝶 *Symbrenthia brabira* Moore, 1872 *

小型蛱蝶。翅背面底色黑褐色，前、后翅有 3 道横向的橙黄色条纹呈带状排列，其中部分个体会在中室近端部断裂，第 2 道带由前翅外侧斑纹及后翅基部条带构成，最后一道为后翅亚外缘的条带，前翅顶角附近还有数个大小不等的橙斑。翅腹面底色为黄褐色，密布不规则的黑色碎斑，类似豹纹，外围常带有橙红色块，后翅中部有 1 条橙色带，亚外缘处有 1 列 5 个黑褐色圈斑，后缘有 1 道连续 或断裂的蓝灰色纹。

1 年多代，成虫多见于 5 ~ 8 月，幼虫寄主植物为荨麻科冷清草、阔叶楼梯草、赤车使者等。

验视标本：1♂，排龙，2019. Ⅳ.25，潘朝晖。

分布：西藏、浙江、福建、江西、台湾、云南、四川、重庆、湖北、贵州。

（七六）蜘蛱蝶属 *Araschnia* Hübner, 1819

小型蛱蝶。雌雄斑纹相似，翅背面底色为黑褐色，有黄色或橘黄色斑纹，常有蜘蛛网状细纹布满翅面，故名蜘蛱蝶，前、后翅腹面各有 1 块紫色斑区。

分布于古北区、东洋区，国内记载 6 种。

191. 断纹蜘蛱蝶 *Araschnia dohertyi* Moore, 1899*

小型蝴蝶。前翅中带后段与后翅中带均直，但不连接；后翅端半部被 3 条橙黄线及脉纹划分为 2 列黑斑。翅腹面图案不同，翅腹面黄褐色或红褐色，布满不规则黄线，类似蜘蛛网，前翅亚外缘有 4 个清晰的小白点，前、后翅中部亚外缘各有蓝紫色斑。

验视标本：1♂，排龙，2019. Ⅳ.25，潘朝晖。

分布：西藏、四川；缅甸。

192. 直纹蜘蛱蝶 *Araschnia prorsoides*(Blanchard, 1871)

小型蝴蝶。翅背面黑褐色，中部有一条白带贯穿前翅中部及后翅，前翅上部前缘及亚外缘还有数个黄斑，前后翅亚外缘有 1 条橙色红细线，后翅连续，前翅断裂。翅腹面黄褐色或红褐色，布满不规则黄线，类似蜘蛛网，前翅亚外缘有 4 个清晰的小白点，前、后翅中部亚外缘各有蓝紫色斑。

成虫多见于 7 ~ 8 月。

验视标本：1♀，排龙，2019. Ⅳ.25，潘朝晖。

分布：西藏、甘肃、四川、重庆、云南；印度，缅甸。

①♂
散纹盛蛱蝶
墨脱 2017-07-19

❶♂
散纹盛蛱蝶
墨脱 2017-07-19

②♂
散纹盛蛱蝶
墨脱 2016-08-01

❷♂
散纹盛蛱蝶
墨脱 2016-08-01

③♂
花豹盛蛱蝶
墨脱 2016-08-01

❸♂
花豹盛蛱蝶
墨脱 2016-08-01

④♂
花豹盛蛱蝶
墨脱 2018-07-28

❹♂
花豹盛蛱蝶
墨脱 2018-07-28

⑤♂
冕豹盛蛱蝶
墨脱 2017-05-12

❺♂
冕豹盛蛱蝶
墨脱 2017-05-12

⑥♂
霓豹盛蛱蝶
波密易贡 2018-08-07

❻♂
霓豹盛蛱蝶
波密易贡 2018-08-07

⑦♂
喜来盛蛱蝶
墨脱 2017-05-12

❼♂
喜来盛蛱蝶
墨脱 2017-05-12

⑧♂
黄豹盛蛱蝶
排龙 2019-04-25

❽♂
黄豹盛蛱蝶
排龙 2019-04-25

⑨♂
断纹蜘蛱蝶
排龙 2019-04-25

❾♂
断纹蜘蛱蝶
排龙 2019-04-25

⑩♀
直纹蜘蛱蝶
排龙 2019-04-25

❿♀
直纹蜘蛱蝶
排龙 2019-04-25

（七七）网蛱蝶属 *Melitaea* Fabricius, 1807

小型蛱蝶。成虫底色为黄褐色至红褐色，依据种类不同，翅面上或多或少分布有黑线纹和黑斑；腹面后矩基部、中室、中域、外缘有黄斑或斑带。

主要分布在古北区、新北区，国内记载 30 种。

193. 黑网蛱蝶 *Melitaea jezabel* Oberthür, 1888

小型蛱蝶。背面翅面红褐色，中室外侧有 2 列黑斑，外缘黑色带宽；腹面橘红色，后基部、中域、外缘内侧有黄斑带。

1 年 1 代，成虫多见于 6 月。

验视标本：2♂♂，八一镇，2018. Ⅶ. 2，潘朝晖；1♀，八一镇高原生态研究所，1996. Ⅵ. 28，潘朝晖；1♂，德姆拉山，2019. Ⅵ. 28，潘朝晖。

分布：西藏、云南、四川、甘肃。

194. 菌网蛱蝶 *Melitaea agar* Oberthür, 1888

小型蛱蝶。背面翅面黄褐色，外缘黑色带宽阔，中室外侧有明显 3 列黑斑，第 1 列扭曲度大；腹面斑纹和密点网蛱蝶相近，但后翅外缘黄斑内黑斑稀少，内侧黄褐色斑带内有黑斑。

1 年 1 代，成虫多见于 7 月。

验视标本：2♂♂，林芝，采集人和时间不详。

分布：西藏、青海、四川、云南。

（七八）尾蛱蝶属 *Polyura* Billberg, 1820

大型蛱蝶。前翅角尖，外缘有弧度，翅背面以白、淡黄、浅绿为主色，具有黑色条纹，亚缘带黑色，翅腹面具有白色光泽斑纹，后翅各有 1 对尾突。

分布于东洋区，国内记载 8 种。

195. 大二尾蛱蝶 *Polyura eudamippus*(Doubledday, 1843)

大型蛱蝶。翅背面为浅黄色。本种与二尾蛱蝶腹面较为相似，主要区别在于前者前翅背面没有 Y 形纹，亚外缘有 2 列斑点，腹面银白色，基部有 2 个黑点，后翅背面亚外缘黑色带上有绿色斑点。各产地斑纹存在较大差异。雌雄同型。雌蝶尾突较长，尾尖较钝。

1 年多代，成虫多见于 5 ~ 11 月，幼虫主要以羊蹄甲属与黄檀属植物为寄主。

验视标本：1♂，墨脱背崩，2017. Ⅴ. 7，潘朝晖。

分布：海南、广东、福建、广西、贵州、云南、浙江、四川、湖北、西藏、台湾；泰国，越南，缅甸，印度，老挝，马来西亚。

196. 针尾蛱蝶 *Polyura dolon*(Westwood, 1847)*

大型蛱蝶。翅背面为淡黄色，前翅基部到中域是弧形黄色斑，亚外缘黑色带宽，有 1 列斑点，中室内有 1 个黑色斑连接到前缘。后翅大面积黄色斑，外缘橙黄色，亚外缘黑色，有 1 列紫蓝色斑点，尾突尖长。雌雄同型。雌蝶尾突较长，翅背面颜色更淡。

1 年多代，成虫多见于 5 ~ 6 月，幼虫以榆科和豆科多种植物为寄主。

验视标本：1♂，墨脱 96K，2017. Ⅴ.16，潘朝晖。

分布：西藏、四川、云南；泰国，越南，缅甸，印度，尼泊尔，不丹。

197. 凤尾蛱蝶 *Polyura arja*(C.&R.Felder, [1867])

中型蛱蝶。翅背面黑色，前翅顶角区有一大一小 2 个绿色圆斑，前、后翅中域贯穿淡绿色带，后翅亚外缘各室有 1 列斑点，前翅腹面基部有 1 个黑色斑点。

1 年多代，成虫几乎全年可见，幼虫主要以豆科植物为寄主。

验视标本：1♂，墨脱 96K，2017. Ⅴ.16，潘朝晖。

分布：云南、西藏；老挝，越南，泰国。

198. 二尾蛱蝶 *Polyura narcaea*(Hewitson, 1854)

中大型蛱蝶。翅背面为绿色，前翅中域有 Y 形黑色纹连接前缘，黑色外缘带较宽，前、后翅亚外缘有 1 列绿色斑点，部分亚种存在斑点相连，前翅腹面花纹基本与背面一致，后翅腹面基部前缘到臀区有褐色横带。雌雄同型，雌蝶尾突较长，尾尖较钝。

1 年多代，成虫多见于 4 ~ 8 月，幼虫主要以合欢属山槐 (山合欢) 等植物为寄主。

验视标本：1♂，墨脱背崩，1983. Ⅴ.30，林再；1♂，墨脱 96K，2017. Ⅴ.16，潘朝晖。

分布：西藏、湖北、湖南、四川、贵州、广东、广西、福建、云南、台湾、北京、河北、河南、山东、山西、陕西、甘肃；泰国，越南，缅甸，印度，老挝。

199. 窄斑凤尾蛱蝶 *Polyura athamas*(Drury, [1773])*

中型蛱蝶。本种与凤尾蛱蝶十分相似，主要区别在于，前者绿色带颜色较深，腹面外缘颜色较浅，前腹面基部为 2 个色斑点。雌雄同型。雌蝶尾突长，尾尖较钝。

1 年多代，成虫多见于 4 ~ 11 月，幼虫主要以豆科光荚含羞草等植物为寄主。

验视标本：2♂♂，墨脱 96K，2018. Ⅶ.28，潘朝晖。

分布：西藏、福建、广东、海南、广西、云南、香港；泰国，缅甸，印度，老挝，越南。

①♂
黑网蛱蝶
八一镇 2019-07-28

❶♂
黑网蛱蝶
八一镇 2019-07-28

②♂
黑网蛱蝶
八一镇 2018-07-02

❷♂
黑网蛱蝶
八一镇 2018-07-02

③♂
黑网蛱蝶
八一镇 2018-07-02

❸♂
黑网蛱蝶
八一镇 2018-07-02

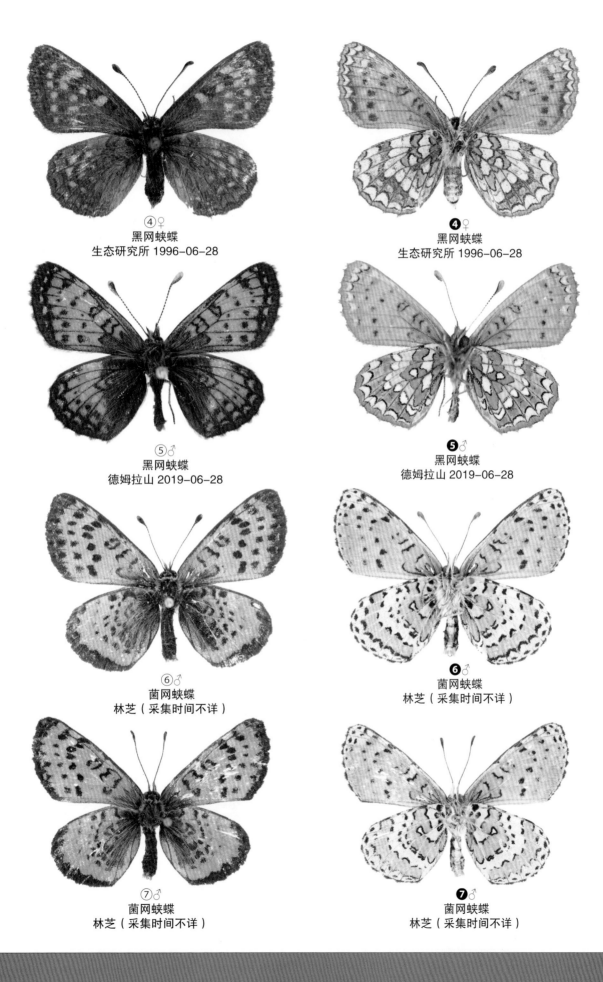

④♀
黑网蛱蝶
生态研究所 1996-06-28

❹♀
黑网蛱蝶
生态研究所 1996-06-28

⑤♂
黑网蛱蝶
德姆拉山 2019-06-28

❺♂
黑网蛱蝶
德姆拉山 2019-06-28

⑥♂
菌网蛱蝶
林芝（采集时间不详）

❻♂
菌网蛱蝶
林芝（采集时间不详）

⑦♂
菌网蛱蝶
林芝（采集时间不详）

❼♂
菌网蛱蝶
林芝（采集时间不详）

⑧♂
大二尾蛱蝶
墨脱背崩 2017-05-07

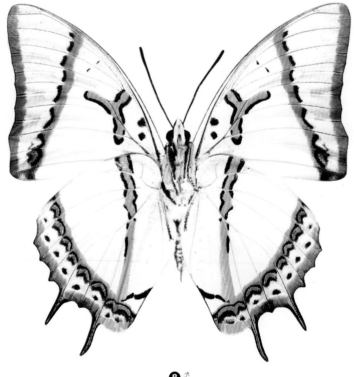

❽♂
大二尾蛱蝶
墨脱背崩 2017-05-07

⑨♂
针尾蛱蝶
墨脱 2017-05-16

❾♂
针尾蛱蝶
墨脱 2017-05-16

⑩♂
凤尾蛱蝶
墨脱 2017-05-16

❿♂
凤尾蛱蝶
墨脱 2017-05-16

⑪♂
二尾蛱蝶
墨脱背崩 1983-05-30

❶♂
二尾蛱蝶
墨脱背崩 1983-05-30

⑫♂
二尾蛱蝶
墨脱 2017-05-16

❷♂
二尾蛱蝶
墨脱 2017-05-16

⑬♂
窄斑凤尾蛱蝶
墨脱 2018-07-28

❸♂
窄斑凤尾蛱蝶
墨脱 2018-07-28

⑭♂
窄斑凤尾蛱蝶
墨脱 2018-07-28

❹♂
窄斑凤尾蛱蝶
墨脱 2018-07-28

（七九）螯蛱蝶属 *Charaxes* Ochsenheimer, 1816

中大型蛱蝶。前翅尖、略外突出，翅背面橙黄色，亚外缘带黑色，腹面波纹状花纹，前足退化。

分布于非洲区和东洋区，国内记载 3 种。

200. 螯蛱蝶 *Charaxes marmax* Westwood, 1847 *

大型蛱蝶。雌雄同型。翅背面橙黄色，前翅中室外沿前缘有模糊黑斑，前、后翅亚外缘有 1 列大小不一黑色斑，前翅贴近外缘，后翅斑纹离开外缘且黑斑上各有 1 个白点，雄蝶尾突尖短，雌蝶尾突平长，前翅亚外缘多 1 列 V 形斑纹、中域颜色较浅、翅缘较直、体形较大。

1 年多代成虫多见于 4 ~ 11 月，幼虫主要以大戟科植物巴豆为寄主。

验视标本：1♂，墨脱背崩，1983. Ⅵ. 11，林再。

分布：西藏、广东、广西、福建、香港、海南；泰国，老挝，印度，缅甸，越南。

201. 白带螯蛱蝶 *Charaxes bernardus*（Fabricius, 1793）*

大型蛱蝶。此种有 2 个型，分别为黄色型和白色型，容易混淆成 2 个不同物种。与螯蛱蝶比较相似，主要区别在于前者黑色带宽，分布到外中区和整个亚顶角区臀角，呈尖牙形，雌蝶前翅中域有模糊白斑，后翅亚外缘各黑斑内有白点，尾突白斑，雌蝶白斑更发达并分布到后翅中域，后翅黑斑相连。

1 年多代，全年可见，幼虫以樟科植物樟木、阴香、降真香为寄主。

验视标本：1♂，墨脱，2018. Ⅶ. 28，潘朝晖。

分布：西藏、广东、广西、福建、江西、浙江、湖南、香港、海南、四川、云南；泰国，老挝，印度，缅甸，越南，马来西亚，新加坡，菲律宾。

（八〇）闪蛱蝶属 *Apatura* Fabricius, 1807

中大型蛱蝶。雄蝶前后翅背面均有紫色或蓝色闪光，故此得名。雌蝶无闪光，体形明显大于雄蝶。本属种类全部为雌雄异色或雌雄异型，性别较易区分。

分布于古北区、东洋区，国内记载 5 种。

202. 滇藏闪蛱蝶 *Apatura bieti* Oberthür, 1885

中型蛱蝶。翅背面底色黄褐色，前翅分布不规则黄斑，后翅分布 3 条黄色斑带。雌雄同型。雄蝶前后翅背面均有浓烈的蓝色闪光。

1 年 1 代，成虫多见于 7 ~ 8 月。

验视标本：1♂，排龙，2002. Ⅵ. 20，罗大庆。

分布：西藏、云南西北部。

①♂
螯蛱蝶
背崩 1983-06-11

❶♂
螯蛱蝶
背崩 1983-06-11

②♂
白带螯蛱蝶
墨脱 2018-07-28

❷♂
白带螯蛱蝶
墨脱 2018-07-28

③♂
滇藏闪蛱蝶
排龙 2002-06-20

❸♂
滇藏闪蛱蝶
排龙 2002-06-20

（八一）铠蛱蝶属 *Chitoria* Moore, [1896]

中型蛱蝶。雄蝶前翅顶角突出明显，雌蝶翅形相对圆阔。部分种类雌雄斑纹相似，翅背面底色为暗褐色，上面有白色或黄色斑纹，而雌雄斑纹相异的种类，雄蝶翅背面底色为黄褐色，有黑褐色纹，雌蝶翅背面为暗褐色，有白色斑纹。

分布于东洋区和古北区，国内记载 9 种。

203. 斜带铠蛱蝶 *Chitoria sordid* (Moore, [1866])

中型蛱蝶。雌雄斑纹相似，翅背面黑褐色，前翅顶角有 2 个小白斑，中室端至臀角处有 1 条白色斜带，斜带中部外侧还有 1 个小白斑，后翅外缘有黑色边纹，前角区有隐约可见的白斑。翅腹面为灰褐色，斑纹类似背面，布灰白鳞，前、后翅各有 1 个清晰眼斑，后翅中部有 1 条中带，上部外侧伴有清晰白斑。

成虫多见于 5～6 月。

验视标本：1♂，墨脱，2016.Ⅷ.3，潘朝晖。

分布：西藏；印度，不丹，缅甸，老挝，越南。

204. 武铠蛱蝶 *Chitoria ulupi* (Doherty, 1889)

中型蛱蝶。雄蝶翅背面橙黄色，前翅顶角有 2 个小黄斑，顶角区、中室上半部以及中部圆斑为黑褐色，中室斑与圆斑一般有黑带相连，并到达后缘后角，基部灰黑色向内晕染，后翅外缘有黑色边纹，近臀角处有 1 个细小黑色圆斑。翅腹面为较浅的淡黄褐色，后翅前缘中央至臀区附近有 1 条褐色中带。

成虫多见于 7～8 月，幼虫以榆科朴属植物为寄主。

验视标本：1♂，波密易贡，2017.Ⅶ.13，潘朝晖。

分布：西藏、辽宁、福建、台湾、广东、广西、四川、重庆、贵州、云南；印度，缅甸，不丹，越南，老挝，朝鲜半岛。

（八二）罗蛱蝶属 *Rohana* Moore, [1880]

小型蛱蝶。偏热带低海拔种类，翅面黑色或暗红色，有眼斑，前翅顶角平截，后翅向臀角收窄，臀角较尖。

分布于东洋区，国内记载 3 种。

205. 罗蛱蝶 *Rohana parisatis* (Westwood, 1850)

小型蛱蝶。雌雄异型。雄蝶翅背面全黑，没有任何花纹，腹面基部为红褐色，有黑色斑点，中域有白色斑，亚外缘有蓝紫色斑纹。雌蝶翅背面为红褐色，顶角区有 4 个白点，翅面满布黑色斑点，腹面与雄蝶接近。

1 年 2 代或多代，成虫多见于 5～10 月，幼虫以榆科植物假玉桂为寄主。

验视标本：1♂，墨脱背崩，2017.Ⅴ.2，潘朝晖。

分布：西藏、广东、福建、海南、香港、广西、云南；泰国，马来西亚，越南，老挝，印度。

①♂
斜带铠蛱蝶
墨脱 2016-08-03

❶♂
斜带铠蛱蝶
墨脱 2016-08-03

②♂
武铠蛱蝶
波密易贡 2017-07-13

❷♂
武铠蛱蝶
波密易贡 2017-07-13

③♂
罗蛱蝶
墨脱背崩 2017-05-02

❸♂
罗蛱蝶
墨脱背崩 2017-05-02

（八三）帅蛱蝶属 *Sephisa* Moore, 1882

中型蛱蝶。前翅顶角突出，外缘凹陷，后翅外缘波浪状。翅背面黑色，有橙黄色斑和白斑，或有锯齿花纹。雌雄异型。

分布于古北区和东洋区，国内记载 3 种。

206. 帅蛱蝶 *Sephisa chandra* (Moore, [1858])

中型蛱蝶。雌雄异型。雄蝶前翅外缘凹陷，不平整，后外缘波浪状。翅背面黑色，前翅中部有 5 个白斑斜列，中区有 4 个橙色斑组成弧形带，外缘有模糊白色斑点，后翅有大面积橙色斑，中室有 2 个黑斑点，亚外缘有 1 列黄斑及模糊白斑，翅腹面颜色较暗，花纹等同翅面。雌蝶背面黑色，带有蓝紫色光泽，前后中室有 1 块橙色斑，亚外缘有 2 白斑。

1 年 1 代，成虫多见于 6~8 月，幼虫以壳斗科青冈属植物为寄主。

验视标本：1♂，墨脱 80K，2016.Ⅶ.30，潘朝晖；2♂♂，排龙，2012.Ⅶ.17，潘朝晖；1♂，墨脱 80K，2017.Ⅶ.19，潘朝晖；1♂，波密易贡，2018.Ⅷ.7，潘朝晖。

分布：西藏、云南、广西、广东、海南、浙江、江西、福建、台湾；泰国，老挝，缅甸，印度。

（八四）芒蛱蝶属 *Euripus* Doubleday, [1848]

中型蛱蝶，雌雄异型，眼睛黄色，前翅向外微突出，后翅外缘凹凸不整齐，雄蝶翅面黑色，满布白色斑条，雌蝶像斑蝶，翅面黑色，有紫色光泽。

分布于东洋区，国内记载 2 种。

207. 芒蛱蝶 *Euripus nyctelius* (Doubleday, 1845) *

中型蛱蝶。雄蝶翅面黑色，散布大小不一的条形白斑，亚外缘有白点，最具明显特征是前翅基部到中域的白色横斑，后翅外缘凹凸不平，腹面颜色浅，花纹等同前翅。雌蝶外形与斑蝶相似，前翅暗紫色反光，后翅褐色。

1 年多代，成虫多见于 6~10 月，幼虫主要以榆科山黄麻等植物为寄主。

验视标本：1♂，墨脱背崩，2017.Ⅶ.15，潘朝晖。

分布：西藏、海南、广东、福建、广西、云南、江西、香港等地；泰国，缅甸，马来西亚，越南，老挝，印度。

①♂
帅蛱蝶
墨脱 2016-07-30

❶♂
帅蛱蝶
墨脱 2016-07-30

②♂
帅蛱蝶
排龙 2012-07-17

❷♂
帅蛱蝶
排龙 2012-07-17

③♂
帅蛱蝶
排龙 2012-07-17

❸♂
帅蛱蝶
排龙 2012-07-17

④♂
帅蛱蝶
墨脱 2017-07-19

❹♂
帅蛱蝶
墨脱 2017-07-19

⑤♂
帅蛱蝶
波密易贡 2018-08-07

❺♂
帅蛱蝶
波密易贡 2018-08-07

⑥♂
芒蛱蝶
墨脱背崩 2017-07-15

❻♂
芒蛱蝶
墨脱背崩 2017-07-15

（八五）脉蛱蝶属 *Hestina* Westwood, [1850]

中大型蛱蝶。前翅顶角稍圆，外缘中部内凹，翅背面点缀有点状、箭状、带状斑点。脉黑色或灰褐色，外缘末端斑纹加宽变暗，亚外缘有暗色波状横带，中室端外围有条状斑纹。翅腹面与背面纹相似，但翅色通常较浅，翅脉较细较淡。

分布于古北区和东洋区，国内记载 4 种。

208. 蒺藜纹脉蛱蝶 *Hestina nama*(Doubleday, 1844)*

大型蛱蝶。翅背面黑色，有许多不规则尖形白斑。前翅背面中室外方围有长形白斑，中室内白斑分开，外缘及亚外缘有新月形白斑，后缘有平行白色条纹。后翅背面中室和基部脉间灰白色，亚外缘有黑色宽带，翅腹面与背面斑纹相似，但后翅翅脉大部褐色。

成虫多见于 6~7 月，幼虫以荨麻科紫麻属植物为寄主。

验视标本：1♂，墨脱 108K，2017.Ⅷ.1，潘朝晖；1♀，墨脱背崩，2018.Ⅶ.9，潘朝晖。

分市：西藏、海南、广西、四川、云南；缅甸，泰国，尼泊尔，印度。

（八六）窗蛱蝶属 *Dilipa* Moore, 1857

中型蛱蝶。成虫翅背面底色黄褐色。前翅近顶角有透明的斑，因此得名。翅腹面具似枯叶状斑纹，颜色近似枯叶，较前翅色浅，雄蝶翅背面有金属光泽。

分布在古北区、东洋区，国内已知 2 种。

209. 窗蛱蝶 *Dilipa morgiana*(Westwood, 1850)*

中型蛱蝶。翅背面底色黑褐色，翅面有黄色列斑，前翅的黄色区域呈 2 条断离的斜带，后翅基部和臀角与亚外缘以外的中下部黑色，中部为一大黄色区。腹面前翅的黄色区扩大，后翅无波状细线，翅基至后缘附近灰白色。

分布：西藏、云南。此外，见于印度，缅甸，越南等。

① ♂
蒺藜纹脉蛱蝶
墨脱 2017-08-01

❶ ♂
蒺藜纹脉蛱蝶
墨脱 2017-08-01

② ♀
蒺藜纹脉蛱蝶
墨脱 2018-07-09

❷ ♀
蒺藜纹脉蛱蝶
墨脱 2018-07-09

③ ♂
窗蛱蝶
背崩 2017-05-05

（八七）秀蛱蝶属 *Pseudergolis* C. & R. Felder, [1867]

中小型蛱蝶。体背赭红色被毛，腹面褐色。头较小，触角细，端部赭红色。前翅三角形，顶角角状突出，后翅外缘呈齿状突起。无性二型。

分布于东洋区，国内记载 1 种。

210. 秀蛱蝶 *Pseudergolis wedah* (Kollar, 1844)

中小型蛱蝶。雄蝶翅背面赭红色，中室内具 4 条黑纹，端半部具 3 条几乎平行的黑线，第 2、3 条黑线间夹有黑点列。腹面褐色微紫，斑纹深棕褐色，伴有紫白色。雌蝶底色较灰暗，斑纹同雄蝶。

1 年多代，成虫全年可见，幼虫以大戟科植物蓖麻等为寄主。

验视标本：1♂，墨脱，2016.Ⅷ.3，潘朝晖。

分布：西藏、陕西、四川、湖北、云南；印度，缅甸。

（八八）饰蛱蝶属 *Stibochiona* Butler, [1869]

中小型蛱蝶。分布于中低海拔地区，雄蝶有领域性，不访花。

分布于东洋区，国内记载 1 种。

211. 素饰蛱蝶 *Stibochiona nicea* (Gray, 1846)

小型蛱蝶。雌雄同型。翅背面为黑色，前翅亚外缘各室有 1 个白点，中区和外中区各有 1 列短弧形白点相接，后翅各室白斑发达并延伸到外缘，白斑里有黑点和蓝紫色斑过渡，前翅腹面中室有 3 个蓝白色斑，其余斑纹与背面基本相同。雌蝶翅面颜色较浅，后翅白斑里蓝紫色斑较浅。

1 年多代，成虫多见于 5~8 月，幼虫主要以荨麻科冷水花属等植物为寄主。

验视标本：2♂♂，墨脱 108K，2016.Ⅷ.3，潘朝晖。

分布：西藏、广东、海南、广西、福建、云南、浙江、江西、四川；泰国，尼泊尔，不丹，马来西亚，越南，老挝，缅甸，印度。

（八九）电蛱蝶属 *Dichorragia* Butler, 1869

中型蛱蝶。前翅顶角较尖，后翅外缘锯齿状。前、后翅背面蓝黑色，中部有蓝色光泽。前翅亚外缘翅间有灰白色电光纹，中室外围有长形白斑，中室内隐约显斑点。后翅亚外缘有弧形斑列。翅腹面和背面的脉斑纹相似，但前翅斑纹更明显，后翅斑纹较模糊。

分布于古北区和东洋区，国内记载 2 种。

212. 电蛱蝶 *Dichorragia nesimachus*(Doyère, [1840])*

中型蛱蝶。翅色深蓝色，雄蝶有光泽。前、后翅背面亚外缘饰相互套叠的白色电光纹，前翅中室外方的白纹上方为长形斑，下方为点状斑，中室内饰有斑纹。后翅外缘有短 V 形白斑，亚外缘有弧形斑列。翅腹面和背面的斑纹相似。

成虫多见于 6~7 月，幼虫以清风藤科植物为寄主。

验视标本：1♂，墨脱背崩，2015.V.10，潘朝晖；1♀，墨脱背崩，2017.V.5，潘朝晖。

分布：西藏、湖南、浙江、四川、海南、台湾、香港；日本，越南，印度，朝鲜半岛。

（九〇）丝蛱蝶属 *Cyrestis* Boisduval, 1832

中型蛱蝶。体背棕色具黑纹，腹面类白色。头较小，下唇须尖突，触角细长，端部稍膨大。前后翅宽边缘不规则凹凸，后翅具短尾突和臀叶；翅面多少具黑色细横线。无性二型。

分布于东洋区，国内记载 4 种。

213. 网丝蛱蝶（石墙蝶）*Cyrestis thyodamas* Boisduval, 1846

中型蛱蝶。雄蝶翅背面白色，前缘基部、顶区及臀角局部赭黄色，翅面布多条黑色细横线，与黑色翅脉交织成网，外中区黑线后端墨蓝色，臀角具红黄二色斑；后翅网纹如前翅，外中区贯穿墨蓝色横线，其外侧为赭黄色、红色和黑色。

1 年多代，成虫全年可见，幼虫寄主植物为桑科榕属的菩提树、大果榕等。

验视标本：1♂，墨脱 96K，2012.Ⅶ.24，潘朝晖；1♀，墨脱，2018.Ⅶ.28，潘朝晖。

分布：西藏、四川、云南、浙江、江西、广东、广西、海南、台湾；日本，印度，尼泊尔，泰国，缅甸，越南，马来西亚，印度尼西亚，巴布亚新几内亚。

（九一）坎蛱蝶属 *Chersonesia* Distant, 1883

小型蛱蝶。分布偏热带地区，翅面黄色，有数条黑色竖线。

分布于东洋区，国内记载 1 种。

214. 黄绢坎蛱蝶 *Chersonesia risa* (Doubleday,[1848]) *

小型蛱蝶。雌雄同型。成虫翅背面橙黄色，由前翅前缘到后排列多条黑色竖纹，分布较平均，臀角圆形外突出，后翅有一小尾尖。雌蝶翅背面颜色较浅，条纹为褐色。

1 年多代，幼虫主要以桑科榕属粗叶榕等多种植物为寄主。

验视标本：1♂，墨脱，2018.Ⅶ.28，潘朝晖。

分布：西藏、海南、广西、云南；泰国，老挝，马来西亚，印度尼西亚，文莱，印度。

（九二）耙蛱蝶属 *Bhagadatta* Moore, [1898]

中型蛱蝶。雄蝶翅面在一定角度会变紫色。

分布于东洋区，国内记载 1 种。

215. 耙蛱蝶 *Bhagadatta austenia* Moore,[1872]*

中型蛱蝶。雌雄同型。雄蝶翅背面黄褐色，中域有 1 条贯穿前后翅的浅色中横带，亚外缘各室有 V 形深色花纹，中室有竖形黑色纹，后翅外缘波纹状，腹面花纹同翅面，颜色较浅，雌蝶翅面呈灰褐色，没有紫色折射，腹面白色花纹发达。

1 年 1 代，成虫多见于 6～8 月，幼虫以多种定心藤属植物为寄主。

验视标本：1♂，墨脱达木村，2015.Ⅶ.26，潘朝晖。

分布：西藏、广东、广西、江西、福建；越南，老挝，缅甸，印度。

① ♂
秀蛱蝶
墨脱 2016-08-03

❶ ♂
秀蛱蝶
墨脱 2016-08-03

② ♂
素饰蛱蝶
墨脱 2016-08-03

❷ ♂
素饰蛱蝶
墨脱 2016-08-03

③ ♂
素饰蛱蝶
墨脱 2016-08-03

❸ ♂
素饰蛱蝶
墨脱 2016-08-03

④♂
电蛱蝶
墨脱背崩 2015-05-10

❹♂
电蛱蝶
墨脱背崩 2015-05-10

⑤♀
电蛱蝶
墨脱背崩 2017-05-05

❺♀
电蛱蝶
墨脱背崩 2017-05-05

⑥♂
网丝蛱蝶
墨脱 2012-07-24

❻♂
丝网蛱蝶
墨脱 2012-07-24

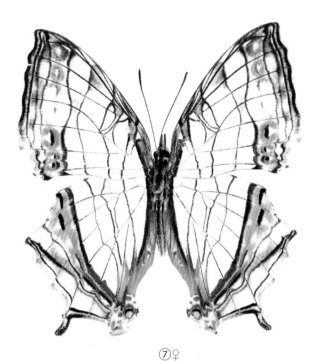

⑦♀
网丝蛱蝶
墨脱 2018-07-28

❼♀
网丝蛱蝶
墨脱 2018-07-28

⑧♂
黄绢坎蛱蝶
墨脱 2018-07-28

❽♂
黄绢坎蛱蝶
墨脱 2018-07-28

⑨♂
耙蛱蝶
墨脱达木村 2015-07-26

❾♂
耙蛱蝶
墨脱达木村 2015-07-26

（九三）翠蛱蝶属 *Euthalia* Hübner, [1819]

中大型蛱蝶。属内许多种类雌雄异型，不同亚属间的种类外观差异较大。翅背面常呈黑色、褐色或青铜色，部分种类后翅边缘有蓝色、红色边纹或斑点，另有部分种类的翅面有许多规则不一的白色斑块。

分布于东洋区，国内记载大约 60 种。

216. 绿裙边翠蛱蝶 *Euthalia niepelti* Strand，1916

雌雄异型。雄蝶翅黑色，前翅外缘近臀角有窄的蓝色带，后翅外缘有 1 条完整的蓝色宽带，由臀角至前缘变窄。雌蝶翅黑色，前后翅蓝色带均向翅基偏移，后翅蓝色带中有黑色细线将其分成 2 条。

验视标本：1♂，墨脱，1983. Ⅵ.4，韩寅恒。

分布：西藏、浙江、福建、广东、广西、云南、海南；印度，越南，缅甸，马来西亚，泰国。

217. 珐琅翠蛱蝶 *Euthalia franciae*(Gray,1866)

中大型蛱蝶。雄蝶翅背面黑褐色或墨绿色，前翅亚顶角有 2 个小白斑，前、后翅中部贯穿 1 条白色泛黄的斑带，后翅斑带向内倾斜，底部尖，前、后翅外缘有模糊的白色斑点，内伴有 1 道深色带，翅腹面为银灰绿色，非常与众不同，易与其他翠蛱蝶区分，斑纹与背面相似，中部的白斑为纯白色，雌雄蝶斑纹相似，但雌蝶白色斑纹更偏黄。

成虫多见于 6 ~ 8 月。

验视标本：1♂，墨脱背崩，1983. Ⅷ.23，韩寅恒。

分布：西藏、云南；印度，缅甸，老挝，越南，泰国。

218. 孔子翠蛱蝶 *Euthalia confucius* (Westwood,1850)

大型蛱蝶。与黄带翠蛱蝶较相似，但前翅顶角不尖，中部的淡黄色斑块明显更浓更大，后翅的淡黄斑往往更发达，有时会由前缘延伸至中下部，另外斑的边缘是向外突出，而黄带翠蛱蝶为内凹。

验视标本：1♂，察隅沙马，1 600 m，1973. Ⅷ.20，采集人不详；1♂，察隅，1973. Ⅶ.20，中国科学院动物研究所。

分布：西藏、陕西、浙江、福建、广西、四川、云南；印度，缅甸，老挝，越南。

219. 巴翠蛱蝶 *Euthalia durga* (Moore, 1857)

大型蛱蝶。为国内翠蛱蝶属中体形最大的种类。雌雄斑纹相似，翅背面呈橄榄绿色，前翅顶角有 2 个小白斑，中部前后缘贯穿 1 列纯白色斑，靠上方的 3 个白斑呈长条状，下方的白斑更加宽厚，后翅中部的白斑由前缘向臀角逐渐由宽变窄，白斑的外缘伴随 1 条明显的蓝灰色带。翅腹面色泽较淡，斑纹与背面相似，前翅中室及后翅基部有不规则黑环纹。

成虫多见于 7 ~ 8 月。

验视标本：1♂，墨脱 108K，2006. Ⅷ.21，郎嵩云。

分布：西藏、云南；印度，不丹，缅甸。

220. 小渡带翠蛱蝶 *Euthalia sakota* Fruhstorfer, 1913*

中大型蛱蝶。雌雄斑纹相似，翅背面橄榄绿色，前翅中室内有 2 个青褐色斑，前翅亚顶角有 2 个小斑，其中下方的斑圆，前、后翅中部有白色斑带，其中前翅斑带外缘边界模糊，伴有青绿色鳞，后翅斑带宽而白，斑带外缘伴有 1 条宽的灰蓝色带，翅腹面色泽淡，斑纹与背面相似，前翅中室及后翅基部的斑纹明显。

成虫多见于 6 ~ 8 月。

验视标本：1♂，波密易贡，2016. Ⅵ. 27，潘朝晖。

分布：西藏、云南。

221. 伊瓦翠蛱蝶 *Euthalia iva* (Moore, 1857)

大型蛱蝶。雄蝶翅背面橄榄绿色，前翅近顶角处有 2 个较小的白斑，由前缘中部向外倾斜排列着 5 个宽大的白斑，其中中间的白斑呈尖锐的犬牙状，最下方的大白斑的正下方还有 1 个小的白斑，部分个体这个白斑会退化消失，形成 1 个深色斑；后翅外中区有数个白斑，一般为 3 ~ 6 个，部分个体白斑退化；翅腹面色泽淡，斑纹与背面相似，但后翅的白斑一般不退化。雌蝶斑纹与雄蝶相似，但体形更大，翅形更阔，白斑也更发达。

成虫多见于 6 ~ 8 月。

验视标本：1♀，墨脱 80K，2017. Ⅶ. 19，潘朝晖。

分布：西藏；印度，缅甸，不丹，越南。

222. 黄铜翠蛱蝶 *Euthalia nara* (Moore, 1859)

中型蛱蝶。雄蝶背面橄榄绿色，有金属光泽，前翅顶角突出，较尖锐，中部外缘内凹明显，外中区有 2 条模糊隐约的条纹贯穿，并形成 1 条宽阔均浅黄色斑带，后臀角突出，近前缘处 2 个翅室内有长条形的黄色斑块，翅腹面黄绿色，前翅中室及后翅基部有不规则黑环纹，后翅外中区有 1 列较模糊的黄白色斑块。雌蝶翅背面呈较鲜亮的青色，近顶角处有 2 个小白斑，中域呈弧状排列 1 列白斑，与近似种相比白斑更大更长，并且在色泽上更白，后翅外中区近前缘处有 2 个清晰的小白斑，中室端有明显的缺刻，亚外缘有 1 道暗色线，翅腹面色泽较背面淡，呈青绿色，后翅白斑较背面发达，且不同个体的斑纹形状会有变化。

1 年 1 代，成虫多见于 5 ~ 6 月。

验视标本：1♂，墨脱汗密，2013. Ⅶ. 23，潘朝晖；1♀，通麦，2019. Ⅷ. 9，张彦周；1♂，波密易贡，2016. Ⅵ. 7，潘朝晖。

分布：西藏、云南；印度，缅甸，尼泊尔，泰国，越南，老挝。

223. 彩翠蛱蝶 *Euthalia caii* Huang, Yun et Chen, 2016

大型蛱蝶。翅背面底色黑褐至暗绿。前翅外缘带黑而窄，亚缘线黄褐较宽，亚顶角处有 3 块黄白斑，中间较大，两边小，下面白斑模糊；中域有一列宽阔犬牙状白斑，翅室内有 1 长条形白斑和 2 褐绿色条斑。基区褐绿。后翅外缘黑褐，亚缘线为淡黄白色，中域有宽阔黄白宽带，并在前缘至后缘之间变窄；外中区黑褐，基区褐绿；翅腹面色泽淡，斑纹与背面相似，前翅中室及后翅基部的斑纹明显。

验视标本：1♂，察隅慈巴沟，2016. Ⅵ. 27，潘朝晖。

分布：西藏。

①♂
绿裙边翠蛱蝶
墨脱 1983-06-04

❶♂
绿裙边翠蛱蝶
墨脱 1983-06-04

②♂
珐琅翠蛱蝶
背崩 1983-08-23

❷♂
珐琅翠蛱蝶
背崩 1983-08-23

③♂
孔子翠蛱蝶
察隅沙马 1973-08-20

❸♂
孔子翠蛱蝶
察隅沙马 1973-08-20

④
孔子翠蛱蝶
西藏察隅 1973-07-20

❹
孔子翠蛱蝶
西藏察隅 1973-07-20

⑤♂
巴翠蛱蝶
墨脱 2012-07-26

❺♂
巴翠蛱蝶
墨脱 2012-07-26

⑥
巴翠蛱蝶
2006-08-21

❻
巴翠蛱蝶
2006-08-21

⑦♂
小渡带翠蛱蝶
波密易贡 2016-06-27

❼♂
小渡带翠蛱蝶
波密易贡 2016-06-27

⑧♀
伊瓦翠蛱蝶
墨脱 2017-07-19

❽♀
伊瓦翠蛱蝶
墨脱 2017-07-19

⑨♂
黄铜翠蛱蝶
墨脱汗密 2013-07-23

❾♂
黄铜翠蛱蝶
墨脱汗密 2013-07-23

⑩♀
黄铜翠蛱蝶
通麦 2019-08-09

❿♀
黄铜翠蛱蝶
通麦 2019-08-09

⑪♂
黄铜翠蛱蝶
波密易贡 2016-06-07

❶♂
黄铜翠蛱蝶
波密易贡 2016-06-07

⑫♂
彩翠蛱蝶
察隅慈巴沟 2016-06-27

❷♂
彩翠蛱蝶
察隅慈巴沟 2016-06-27

（九四）婀蛱蝶属 *Abrota* Moore,1857

中型蛱蝶。属于山地中高海拔蝶种，雌雄异型。翅面橙黄色，有黑色波浪纹。

国内记载 1 种。

224. 婀蛱蝶 *Abrota ganga* Moore,1857*

中型蛱蝶。雌雄异型。雄蝶翅背面橙黄色，前翅中室有 2 个黑色斑点，顶角黑色，外缘黑色，亚外缘有 1 列模糊黑斑，后翅面有 3 列平行黑色线纹，后翅淡黄色，花纹不明显。雌蝶体形较大，翅背面黑色，黄色条纹。

1 年 1 代，成虫多见于 7～9 月，幼虫以多种壳斗科植物为寄主。

验视标本：1♀，墨脱，2006.Ⅷ.21，郎嵩云。

分布：西藏、广东、广西、福建、湖南、浙江、江西、四川、陕西、云南、台湾；越南，缅甸，印度。

（九五）奥蛱蝶属 *Auzakia* Moore, [1898]

中大型蛱蝶。属于高海拔山地蝶种，翅背面黑色，外带橄榄绿色。

分布于东洋区，国内记载 1 种。

225. 奥蛱蝶 *Auzakia danava*(Moore, [1858])

中大型蛱蝶。雌雄异型。雄蝶翅背面黑褐色，不同产地的标本外缘外带颜色不同，华南、华中地区为橄榄绿色，西南地区为褐色或浅灰褐色等，中室有 2 斑点，端外有 2 个 V 形纹，前翅腹面顶角白色，有暗白色纹斜中带，后翅靠近基部有 3 个斑点。雌蝶翅背面黑色，有白色中带贯穿前、后翅，亚外缘有模糊白色过渡纹。

1 年 1 代，成虫多见于 6～10 月。

验视标本：1♂，墨脱 96K，2012.Ⅷ.24，潘朝晖。

分布：西藏、福建、广东、湖南、江西、江苏、浙江、四川、云南；泰国，老挝，越南，印度。

①♀
婀蛱蝶
墨脱 2006-08-21

❶♀
婀蛱蝶
墨脱 2006-08-21

②♂
奥蛱蝶
墨脱 2012-07-24

❷♂
奥蛱蝶
墨脱 2012-07-24

（九六）线蛱蝶属 *Limenitis* Fabricius, 1807

中小型蛱蝶。翅背面多为灰黑色，具圆形或条形白斑，部分种类翅背面具紫色光泽，腹面颜色浅于背面，部分种类呈黄色、灰色或白色。

分布于古北区、东洋区和新北区，国内记载 15 种。

226. 红线蛱蝶 *Limenitis populi* (Linnaeus, 1758) *

中大型蛱蝶。翅黑褐色至黑色，翅背面斑点为白色，前翅中室有 1 条横斑；中室外侧有 1 条不整齐斑列，自顶角向下方有 4 枚白斑；后翅中部有 1 条白带纹，亚缘有 1 列黑色新月形斑，斑内侧镶红边；外缘有 2 条青蓝色波状细纹。翅腹面红褐色，前翅中室基部有 1 个三角形青蓝色斑，后缘上方区域多黑色；后翅内缘青蓝色，翅基部有几枚青蓝色斑，亚缘区红褐色区域内有 1 列黑斑。前后翅外缘青蓝色，后翅较宽，中有 1 条黑线纹。

1 年 1 代，成虫多见于 6 ~ 7 月，幼虫寄主植物为杨柳科杨属山杨。

验视标本：1♂，察隅慈巴沟，2016. Ⅶ.（4 ~ 9），潘朝晖；1♂，派镇，2013. Ⅶ.1，潘朝晖。

分布：西藏、陕西、甘肃、宁夏、山西、河北、北京、河南；日本，朝鲜半岛，欧洲等。

227. 残锷线蛱蝶 *Limenitis sulpitia* (Cramer, 1779)*

中型蛱蝶。翅背面黑褐色，斑纹白色，前翅中室内剑眉状纹在 2/3 处残缺；前翅中横斑列弧形排列。后翅中横带极倾斜，到达翅后缘的 1/3 处；亚缘带的大部分与中横带平行，不与翅的外缘平行。翅腹面红褐色，除白色斑纹外有黑色斑点，还有白色的外缘线。

1 年 1 代，成虫多见于 6 ~ 7 月。

验视标本：1♂，墨脱 108K，2014. Ⅷ.6，潘朝晖。

分布：西藏、海南、广东、广西、湖北、江西、浙江、福建、台湾、河南、四川、香港；越南，缅甸，印度。

①♂
红线蛱蝶
察隅慈巴沟 2016-07-（04-09）

❶♂
红线蛱蝶
察隅慈巴沟 2016-07-（04-09）

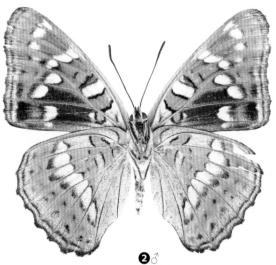

②♂
红线蛱蝶
派镇 2013-07-01

❷♂
红线蛱蝶
派镇 2013-07-01

③♂
残锷线蛱蝶
墨脱 2014-08-06

❸♂
残锷线蛱蝶
墨脱 2014-08-06

（九七）带蛱蝶属 *Athyma* Westwood, [1850]

中型蛱蝶。翅背面黑色，部分种类前翅角向外突出，后翅波浪状，通常雌雄异型，雄蝶前后翅中域有白色环形带相连，有橙色或紫蓝色过渡斑，雌蝶为橙色或白色条纹。

主要分布于东洋区和古北区，国内记载 15 种。

228. 离斑带蛱蝶 *Athyma ranga* Moore, [1858]*

中型蛱蝶。雌雄同型。雄蝶翅背面蓝黑色，中室斑分离没规律，端角有 4 个弧形斑，中域斑分离，不成带，亚外缘 2 列白色斑点，整体斑纹分散。雌蝶斑纹较大，腹部有白色斑点。

1 年多代，成虫多见于 5 ~ 10 月，幼虫主要以木樨科金桂等植物为寄主。

验视标本：1♂，墨脱达木村，2015.Ⅶ.26，潘朝晖。

分布：西藏、广东、广西、福建、湖南、江西、四川、香港；泰国，缅甸，印度，老挝，不丹。

229. 孤斑带蛱蝶 *Athyma zeroea* Moore, 1872*

中型蛱蝶。雌雄异型。前翅亚顶区没有白斑，亚外缘没有半纹，前翅腹面中室有断裂白斑。雌蝶与双色带蛱蝶相似，前者中室斑纹断裂为 2 段。

1 年多代，成虫多见于 5 ~ 11 月，幼虫主要以茜草科钩藤等植物为寄主。

验视标本：1♂，墨脱背崩，2017.Ⅴ.12，潘朝晖。

分布：西藏、广东、广西、福建、湖南、江西、浙江、海南；泰国，老挝，印度，缅甸，尼泊尔。

230. 新月带蛱蝶 *Athyma selenophora* (Kollar, [1844])*

中型蛱蝶。雌雄异型。雄蝶前翅背面黑色，中室靠基部有暗红色斑，中域 4 个大小不一白斑相连，亚顶区有 3 个白斑，亚外缘斑点不明显。后翅中域白斑倾斜，前窄后宽，与前翅白斑相连。雌蝶与虬眉带蛱蝶很相似，较难区分，前者翅形更圆润。

1 年多代，成虫多见于 5 ~ 11 月，幼虫主要以茜草科玉叶金花及水锦树等植物为寄主。

验视标本：1♂，墨脱背崩，2017.Ⅴ.5，潘朝晖。

分布：西藏、广东、广西、福建、湖南、江西、浙江、云南、四川、海南、台湾；泰国，老挝，越南，马来西亚，印度，缅甸，尼泊尔，不丹等。

231. 珠履带蛱蝶 *Athyma asura* Moore, [1858]

中型蛱蝶。翅背面黑色，有数白斑。前翅中室内白斑分离 2 段，中域有白斑连接到后翅，翅面花纹呈 V 形，亚外缘有 1 列小白斑。后翅亚外缘白斑圆形，大小均匀，除靠近臀角白斑外，其他白斑内有 1 个黑点。雌雄同型。雌蝶翅面颜色较淡，体形较大。

1 年 2 ~ 3 代，成虫多见于 5 ~ 8 月，幼虫主要以冬青科植物为寄主。

验视标本：1♂，墨脱 108K，2014.Ⅷ.3，潘朝晖。

分布：西藏、广东、广西、福建、湖南、江西、浙江、四川、海南、台湾；老挝，印度，印度尼西亚，缅甸，尼泊尔。

232. 虬眉带蛱蝶 *Athyma opalina* (Kollar, [1844])*

中型蛱蝶。雌雄同型。与珠履带蛱蝶相似，主要区别为前翅中室内白斑分成 4 段，后翅亚外缘白斑内没有黑点。此种热带产地个体，胸部有 2 个白点，前翅顶角外缘缘毛黑白相间，亚热带产地没有此特征。雌蝶翅面颜色较浅，翅形较大。

1 年 2 ~ 3 代，成虫多见于 5 ~ 11 月，幼虫主要以小檗科十大功劳属植物为寄主。

验视标本：1♂，波密易贡，2018.Ⅷ.1，潘朝晖。

分布：西藏、广东、福建、云南、陕西、四川、台湾；泰国，印度，老挝，越南。

233. 东方带蛱蝶 *Athyma orientalis* Elwes, 1888

中型蛱蝶。雌雄同型。与虬眉带蛱蝶较难区分，较容易区分特征为，本种前翅中室内条形斑细窄，分离的三角斑明显较尖、略长，前翅腹面中室内白条斑分离不够明显，后翅内缘银灰色与中域弧形白斑衔接处颜色没有融合与过渡。

1 年 2 ~ 3 代，成虫多见于 5 ~ 10 月，幼虫主要以小檗科十大功劳属植物为寄主。

验视标本：1♂，墨脱 96K，2017.Ⅴ.12，潘朝晖。

分布：西藏、长江以南各省；印度，越南，老挝。

234. 玉杵带蛱蝶 *Athyma jina* Moore, [1858]*

中型蛱蝶。雌雄同型。雄蝶翅背面黑色，顶角区有 3 个白斑，中室白条斑没有分离，白色环形带中部白斑小，分离较大，基部白色弧形斑贴近前缘。雌蝶翅背面颜色较浅，体形大，腹部前段有白色纹。

1 年 2 ~ 3 代，成虫多见于 5 ~ 9 月，幼虫主要以忍冬科多种植物为寄主。

验视标本：1♂，墨脱背崩，2017.Ⅴ.15，潘朝晖；1♂，墨脱 108K，2014.Ⅷ.6，潘朝晖。

分布：西藏、广东、广西、福建、湖南、浙江、江西、台湾、云南；老挝，印度，缅甸，尼泊尔。

235. 双色带蛱蝶 *Athyma cama* Moore, [1858]

中型蛱蝶。雌雄异型。前翅顶角有 1 个橙色斑，基部到中室没有红色纹，中域白斑圆润，呈 U 形，亚外缘有褐色暗斑。雌蝶翅背面颜色褐色，斑纹为橙黄色。

1 年多代，成虫多见于 5 ~ 11 月，幼虫主要以大戟科算盘子属植物为寄主。

验视标本：1♂，墨脱 108K，2014.Ⅷ.6，潘朝晖。

分布：西藏、广东、广西、福建、湖南、江西、浙江、云南、四川、海南、台湾、香港；泰国，老挝，越南，马来西亚，印度，缅甸，菲律宾。

①♂
离斑带蛱蝶
墨脱达木村 2015-07-26

❶♂
离斑带蛱蝶
墨脱达木村 2015-07-26

②♂
孤斑带蛱蝶
墨脱背崩 2017-05-12

❷♂
孤斑带蛱蝶
墨脱背崩 2017-05-12

③♂
新月带蛱蝶
墨脱背崩 2017-05-05

❸♂
新月带蛱蝶
墨脱背崩 2017-05-05

④♂
珠履带蛱蝶
墨脱 2014-08-03

❹♂
珠履带蛱蝶
墨脱 2014-08-03

⑤♂
虬眉带蛱蝶
波密易贡 2018-08-01

❺♂
虬眉带蛱蝶
波密易贡 2018-08-01

⑥♂
东方带蛱蝶
墨脱 2017-05-12

❻♂
东方带蛱蝶
墨脱 2017-05-12

⑦♂
玉杵带蛱蝶
墨脱背崩 2017-05-15

❼♂
玉杵带蛱蝶
墨脱背崩 2017-05-15

⑧♂
玉杵带蛱蝶
墨脱. 2014-08-06

❽♂
玉杵带蛱蝶
墨脱 2014-08-06

⑨♂
双色带蛱蝶
墨脱 2014-08-06

❾♂
双色带蛱蝶
墨脱 2014-08-06

（九八）缕蛱蝶属 *Litinga* Moore, [1898]

中型蛱蝶。顶角略外突，后翅外缘波浪状，翅背面黑色，满布放射状白色条纹，腹面花纹等同翅面。主要分布于古北区和东洋区，国内已知 4 种。

236. 西藏缕蛱蝶 *Litinga rileyi* Tytler, 1940

中型蛱蝶。体形及花纹接近拟缕蛱蝶，主要区别在于本种前翅中室端外的 3 条白斑延长，几乎与中区斑等长，翅面白色条纹颜色较浅，有灰色过渡，后翅腹面前缘斑为黄褐色。

成虫多见于 7～8 月。

验视标本：1♂，墨脱背崩，2017.Ⅶ.9，潘朝晖；1♂，通麦，1997.Ⅶ.11，中国科学院动物研究所。

分布：西藏；印度。

237. 缕蛱蝶 *Litinga cottini* (Oberthür, 1884)

中小型蛱蝶。翅背面白色条纹工整。前翅内中区有 3 个较大白色斑，中区白色条斑短，弧形排列，后翅各室中区白斑直线排列整齐，靠基部有 1 个较大的椭圆形斑，前、后翅亚外缘有 1 列白点。

成虫多见于 6～9 月。

验视标本：1♂，巴宜区，2017.Ⅶ.6，潘朝晖；1♂，察隅龙古村，2014.Ⅵ.19，潘朝晖。

分布：云南、西藏、甘肃。

（九九）俳蛱蝶属 *Parasarpa* Moore, [1898]

中型蛱蝶。翅背面黑色，有白色、黄色等斜带贯穿前、后翅，部分物种斑块分散，前翅顶略微外突，后翅外缘向臀角收窄。

分布于东洋区、古北区，国内记载 4 种。

238. 西藏俳蛱蝶 *Parasarpa zayla* (Doubleday, [1848])

中型蛱蝶。翅背面黑色，前翅角尖，前、后翅外缘波浪状，前翅中域为等宽黄色带，后缘贯穿到前缘，后翅色带白色，由前缘到内缘收窄，呈三角形。腹面花纹较暗、模糊。

1 年多代，成虫多见于 6～8 月。

验视标本：1♂，墨脱 80K，2017.Ⅶ.30，潘朝晖。

分布：西藏、云南；泰国，印度。

239. 丫纹俳蛱蝶 *Parasarpa dudu* (Doubleday,[1848])

中型蛱蝶。雌雄同型。翅背面黑色，顶角向外突出，由前翅前缘到后翅内缘边有 1 条白色带贯穿，前翅白带顶部分叉，呈 Y 形，中室有暗红色斑，臀角尖，有红色斑，雌蝶翅形较圆，白带较宽，红斑较发达。

1 年 1～2 代，成虫多见于 6～9 月，幼虫主要以忍冬科华南忍冬等植物为寄主。

验视标本：1♂，排龙，2011.Ⅸ.18，潘朝晖。

分布：西藏、福建、广东、海南、云南、香港、台湾；泰国，缅甸，越南，印度，老挝。

240. 白斑俳蛱蝶 *Parasarpa albomaculata* (Leech, 1891) *

中型蛱蝶。雌雄异型。雄蝶翅背面黑色，分布 3 个白色斑。前翅顶角 1 个较小，前、后翅中区各 1 个，椭圆形，后翅斑最大；雌蝶前翅中室黄色条形斑，外缘中区到顶角有 2 段弧形黄色纹，后翅中部有斜条黄色纹连接前翅下缘，前、后翅亚外缘有波浪黄色纹。

1 年 1 ~ 2 代，成虫多见于 6 ~ 9 月，幼虫主要以忍冬科荚蒾属植物为寄主。

验视标本：1♂，墨脱背崩，2011. Ⅶ.20，潘朝晖。

分布：西藏、四川、云南；泰国，缅甸，越南，印度。

（一〇〇）肃蛱蝶属 *Sumalia* Moore, [1898]

中型蛱蝶。翅背面黑色，前翅角尖，后翅向臀角收窄，臀角有红斑，前、后翅有色带贯穿。

分布于东洋区，国内记载 1 种。

241. 肃蛱蝶 *Sumalia daraxa* (Doubleday,[1848])

中型蛱蝶。雌雄同型，翅背面黑色，由前翅顶角到后翅内缘贯穿 1 条浅绿色带，较紧密平直，前部分 4 个斑点分离，顶角靠外缘有 1 个白点，后翅亚外缘各室有 1 个黑点，臀角有褐红色斑。雌蝶翅面颜色较淡。

1 年多代，成虫多见于 4 ~ 10 月。

验视标本：1♂，墨脱，2018. Ⅶ.28，潘朝晖。

分布：西藏、海南、云南；泰国，越南，缅甸，老挝，印度。

（一〇一）黎蛱蝶属 *Lebadea* Felder, 1861

中小型蛱蝶。热带种类，翅面橙色，有白色中带。

分布于东洋区，单属单种，国内记载 1 种。

242. 黎蛱蝶 *Lebadea martha* (Fabricius, 1787)

中小型蛱蝶。雌雄同型。雄蝶翅背面橙红色，前翅顶角略凸出，顶角有白斑，前后翅中域有 1 条白带贯穿其中，较细窄，不连成直线，中室有 1 个模糊白斑，外缘中区有 5 个 V 形白斑，亚外缘有 1 列黑色波浪线，基部有不规则波浪斑纹，腹面颜色浅褐色，花纹等同背面。雌蝶前翅顶角凸出不明显，白色带更窄，翅背面颜色偏暗，黑斑更发达，翅形较圆。

1 年多代，成虫几乎全年可见。

验视标本：1♂，林芝（具体地点不详），采集人和时间不详。

分布：西藏、云南；泰国，柬埔寨，缅甸，老挝，印度。

①♂
西藏缕蛱蝶
墨脱背崩 2017-06-09

❶♂
西藏缕蛱蝶
墨脱背崩 2017-06-09

②♂
西藏缕蛱蝶
通麦 1997-07-11

❷♂
西藏缕蛱蝶
通麦 1997-07-11

③♂
缕蛱蝶
林芝巴宜区 2017-07-06

❸♂
缕蛱蝶
林芝巴宜区 2017-07-06

④♂
缕蛱蝶
察隅龙古村 2014-06-09

❹♂
缕蛱蝶
察隅龙古村 2014-06-09

⑤
西藏俳蛱蝶
墨脱 2017-07-30

❺
西藏俳蛱蝶
墨脱 2017-07-30

⑥♂
丫纹俳蛱蝶
排龙 2011-09-18

❻♂
丫纹俳蛱蝶
排龙 2011-09-18

⑦♂
肃蛱蝶
墨脱 2018-07-28

❼♂
肃蛱蝶
墨脱 2018-07-28

⑧♂
白斑俳蛱蝶
墨脱背崩 2017-07-20

❽♂
白斑俳蛱蝶
墨脱背崩 2017-07-20

⑨♂
黎蛱蝶
林芝（具体地点和时间不详）

❾♂
黎蛱蝶
林芝（具体地点和时间不详）

（一〇二）环蛱蝶属 *Neptis* Fabricius, 1807

中型蛱蝶。雌雄斑纹相似，翅背面底色呈黑褐色，有白色、黄色或橙色带纹，腹面底色较淡、杂。雄蝶前翅腹面后缘及后翅背面前缘有性标。

分布于东洋区、古北区、澳洲区及非洲区，国内记载 53 种。

243. 小环蛱蝶 *Neptis sappho* (Pallas, I771) *

小型蛱蝶。触角末端为明显的黄色，雌雄斑纹相似，翅背面黑褐色，斑纹白色，前翅中室内有 1 条形纹 1 个深色断痕，中室外有 1 眉状纹，中室外围有排状的白斑，亚外缘还有 1 列微弱的白斑。后翅有黑白相间的缘毛，白色缘毛至少与黑色等宽，内中区有 1 条始终等宽的白带，亚外缘有 1 列更细的横带，并被深色翅脉分隔。翅腹面深棕褐色，斑纹与背面相似，后翅除横带外，外缘还有 2 条白色细纹。

1 年多代，部分地区成虫几乎全年可见。

验视标本：1♂，墨脱亚让，2006.Ⅷ.20，郎嵩云。

分布：西藏、黑龙江、辽宁、北京、山东、浙江、河南、四川、福建、台湾、广东、广西、云南；日本，印度，巴基斯坦，泰国，越南，朝鲜半岛及欧洲。

244. 中环蛱蝶 *Neptis hylas* (Linnaeus, 1758)

中型蛱蝶。与小环蛱蝶较相似，但体形明显更大，后翅外中区的白色横带明显比小环蛱蝶宽，腹面更加明显，腹面的颜色为鲜明的橙黄色，极易与其他环蛱蝶区分，不易混淆。

1 年多代，幼虫以多种豆科植物为寄主。

验视标本：1♂，察隅县城，2014.Ⅷ.28，潘朝晖；1♂，墨脱，2006.Ⅷ.3，潘朝晖；1♀，墨脱格当，1982.Ⅹ.8，采集人不详（中国科学院动物研究所标本）；1♂，察隅龙古村，2017.Ⅵ.4，呼景阔；1♂，察隅县城，2019.Ⅵ.29，潘朝晖；1♂，墨脱 ，2016.Ⅷ.3，潘朝晖。

分布：西藏、河南、陕西、湖北、江西、福建、台湾、广东、海南、广西、四川、重庆、云南、香港；印度，缅甸，越南，老挝，马来西亚，泰国，印度尼西亚。

245. 耶环蛱蝶 *Neptis yerburii* Butler, 1886

小型蛱蝶。前翅背面中室内无深色断痕，后翅缘毛黑白相间，更窄更弱，较不明显，翅腹面的颜色为棕色，色泽较小环蛱蝶更暗淡。

1 年多代，一些地区成虫几乎全年可见。

验视标本：1♂，墨脱亚让，2006.Ⅷ.20，郎嵩云。

分布：西藏、陕西、湖北、安徽、浙江、福建、四川、重庆；印度，缅甸，巴基斯坦，泰国。

246. 珂环蛱蝶 *Neptis clinia* Moore, 1872

中型蛱蝶。前翅背面中室内无深色横线，后翅缘毛黑白相间，白色部分与黑色部分至少等宽，与小环蛱蝶相似而不同于耶环蛱蝶；前翅腹面中室内白条与中室外的眉纹相连，可与小环蛱蝶及耶环蛱蝶区分，同时眉纹较细长，不似小环。

1 年多代，部分地区成虫几乎全年可见，幼虫以梧桐科苹婆属植物为寄主。

验视标本：1♂，墨脱亚让，2006.Ⅷ.20，郎嵩云。

分布：西藏、四川、云南、浙江、福建、海南、广东、广西、重庆、贵州、香港；泰国，老挝，越南，马来西亚，菲律宾，印度尼西亚。

247. 娑环蛱蝶 *Neptis soma* Moore, 1857

中型蛱蝶。体形明显比小环蛱蝶更大，触角末端黄色不明显，后翅内中区的白色横带明显不等宽，由内缘向外逐渐变宽，该特征可与其他所有近似种区别，翅腹面暗红褐色，白斑明显更加发达。

1 年多代，部分地区成虫几乎全年可见，幼虫以豆科鸡血藤属植物为寄主。

验视标本：1♂，墨脱背崩，2017. V.12，潘朝晖；1♂，墨脱阿尼桥，1996. VII.4，黄灏。

分布：西藏、四川、云南、浙江、福建、海南、广东、广西、重庆、贵州、香港；印度，泰国，老挝，越南，马来西亚，菲律宾，印度尼西亚。

248. 娜环蛱蝶 *Neptis nata* Moore, 1857

中小型蛱蝶。与娑环蛱蝶较相似，本种翅背面的白色斑纹明显更细，而其他大部分近似种内侧白带的宽度明显比外侧白带宽。

1 年多代，部分地区成虫几乎全年可见。

验视标本：1♂，墨脱，2018. VII.28，潘朝晖。

分布：西藏、福建、台湾、海南、云南；印度，缅甸，泰国，老挝，越南，马来西亚，印度尼西亚。

249. 宽环蛱蝶 *Neptis mahendra* Moore, 1872

中型蛱蝶。雌雄相似。翅背面黑褐色，白色斑纹呈纯净的象牙白，白斑常宽阔，同时由内缘向外扩展逐渐变宽，翅腹面为暗棕褐色，斑纹与背面相似。

成虫多见于 5 ~ 7 月。

验视标本：1♂，巴宜区，2018. VII.2，潘朝晖；1♂，波密易贡，2018. VIII.7，潘朝晖。

分布：西藏、四川、云南；印度，尼泊尔。

250. 烟环蛱蝶 *Neptis harita* Moore, 1875

小型蛱蝶。翅背面为黑褐色，斑纹细，前翅中室内有长条斑，亚顶角有 2 个明显的细纹，靠下还有 1 个月牙形斑，后翅有 2 条细的横带，翅腹面色泽淡，斑纹与背面相似。

成虫多见于 4 ~ 8 月。

验视标本：1♂，墨脱背崩，2017. V.5，周润发；1♂，墨脱背崩，2017. V.12，潘朝晖。

分布：西藏、云南；印度，孟加拉国，缅甸，泰国，老挝，越南，马来西亚，印度尼西亚。

251. 断环蛱蝶 *Neptis sankara* Kollar, 1844

中型蛱蝶。雌雄斑纹相似，有黄、白两种色型，二者斑纹相同。翅背面黑褐色，前翅中室内斑条和外侧眉形纹相连，但有 1 个明显的缺刻，亚顶角处有 3 个斑块，与中室外下方的斑块呈弧形排列，斑块外侧有 1 列与外缘平行的线纹，后翅有 2 条横带，内侧横带宽于外侧，外侧横带外有不明显的淡色细带；翅腹面深褐色，斑纹与背面相似，中室斑条内的缺刻较背面浅，后翅翅基处有 2 条细条纹，其中上方的条纹极细，并抵达后翅前缘。

1 年 1 代，成虫多见于 5 ~ 8 月，幼虫以蔷薇科多种植物为寄主。

验视标本：1♂，察隅县城，2019. VI.29，潘朝晖；1♂，波密易贡，2017. VII.12，潘朝晖。

分布：西藏、浙江、江西、福建、台湾、广东、广西、湖北、湖南、云南、四川、甘肃；印度，尼泊尔，缅甸，泰国，老挝，越南，马来西亚，印度尼西亚等地。

252. 阿环蛱蝶 *Neptis ananta* Moore, 1857

中型蛱蝶。前、后翅有微弱缘毛，黑白相间但非常不明显。翅背面黑褐色，斑纹黄色，前翅中室内黄色中室条有缺刻，亚顶角有 2 个黄斑，靠上方黄斑外角尖突，后翅有 2 条黄色横带，翅腹面红棕褐色，斑纹与背面相似，雄蝶前翅中室条斑下部外方有黄棕色鳞区，后翅基部有紫白色条斑，2 条横带外侧各有 1 条紫白色横线。

成虫多见于 5 ~ 7 月，幼虫以樟科植物乌药为寄主。

验视标本：1♂，波密易贡，2017.Ⅶ.2，潘朝晖。

分布：西藏、浙江、安徽、江西、福建、广东、海南、广西、云南；印度，尼泊尔，不丹，缅甸，泰国，老挝，越南。

253. 娜巴环蛱蝶 *Neptis namba* Tytler, 1915*

中型蛱蝶。与阿环蛱蝶非常相似，但前、后翅缘毛黑白相间非常明显，尤其白色缘毛非常显眼。翅背面斑纹相对更细，偏红，雄蝶腹面前翅中室条斑下部外方鳞区偏灰白。

成虫多见于 5 ~ 7 月。

验视标本：1♂，墨脱大岩洞，1973.Ⅷ.18，采集人不详（中国科学院动物研究所标本）。

分布：西藏、福建、四川、重庆、云南；印度，缅甸，泰国，老挝，越南等。

254. 矛环蛱蝶 *Neptis armandia* (Oberthür, 1876)

小型蛱蝶。前翅前缘中部通常有短纹，亚顶角的 2 个较大黄斑上方还有 1 个较明显前缘斑，而羚环蛱蝶前缘斑非常短小，后翅腹面充满大片纯净的橙黄色区，中部横带黄白色，外侧的红棕色区域内有 1 条蓝灰色横线，横线外侧部分呈锯齿状，易与其他近似种区别。

成虫多见于 5 ~ 7 月，幼虫以蔷薇科悬钩子属植物为寄主。

验视标本：1♂，墨脱，采集人及时间不详（中国科学院动物研究所标本）。

分布：西藏、陕西、浙江、湖北、湖南、海南、广西、四川、重庆、贵州、云南；印度，不丹，缅甸，泰国，老挝，越南。

255. 玛环蛱蝶 *Neptis manasa* Moore, 1857

中大型蛱蝶。翅背面斑纹与蛛环蛱蝶相似，但前翅亚顶角 2 个黄斑非常发达，呈粘连状弯曲，翅腹面为土黄色，较纯净，不似蛛环蛱蝶有复杂线纹，后翅 2 条横带为黄白色，区间有 1 条银灰色横线。

成虫多见于 5 ~ 7 月，幼虫以桦木科植物千金榆为寄主。

验视标本：1♀，墨脱背崩，2017.Ⅴ.12，潘朝晖。

分布：西藏、安徽、浙江、湖北、福建、湖南、广西、海南、四川、重庆、云南；印度，尼泊尔，缅甸，泰国，老挝，越南。

256. 蛛环蛱蝶 *Neptis arachne* Leech, 1890*

中大型蛱蝶。翅背面黑褐色，前翅前缘中部有微弱的短纹，亚顶角 2 个黄斑（或白斑），形状较不规则，雄蝶后翅腹面黄色，后翅有数道红棕色波纹状细纹，类似蛛网，极易与其他环蛱蝶区分。

成虫多见于 6 ~ 7 月。

验视标本：1♀，墨脱 80K，2015.Ⅵ.28，潘朝晖；1♀，上察隅，2015.Ⅷ.24，潘朝晖。

分布：西藏、浙江、湖北、四川、陕西、甘肃、云南。

257. 黄环蛱蝶 *Neptis themis* Leech, 1890*

中型蛱蝶。前翅亚顶角 2 个黄斑之间距离较分开，后翅腹面基部只有 1 条紫白色基条，后翅内中区横带最外侧 2 个斑纹长度相近。

成虫多见于 6 ~ 8 月。

验视标本：1♀，墨脱，2018.Ⅶ.12，潘朝晖；1♀，波密易贡，2017.Ⅶ.7，潘朝晖；1♂，波密易贡，2018.Ⅷ.7，潘朝晖。

分布：西藏、北京、河北、陕西、甘肃、四川、湖北、湖南、浙江、云南；越南。

（一〇三）菲蛱蝶属 *Phaedyma* Felder, 1861

中型蛱蝶。体背褐色被毛具虹彩，腹面污白色。头大，触角细长，端部稍大。翅形窄，颜色简单，以黑、白、黄为主。无性二型。

主要分布于东洋区，国内已知 3 种。

258. 霭菲蛱蝶 *Phaedyma aspasia* (Leech, 1890) *

中型蛱蝶。雄蝶背面褐色，前翅中室斑与室端外下侧斑相连呈球杆状，其与亚顶区斑之间前缘处有小白斑；后翅中带宽，与亚前缘带联合成眼镜状，亚外缘具模糊的淡棕色带。腹面大体与背面相似，底色棕黄，带纹色淡，且之间夹有紫白色细带。

1 年多代，成虫多见于 6 ~ 8 月。

验视标本：1♀，墨脱 96K，2012.Ⅶ.24，潘朝晖；1♂，波密易贡，2017.Ⅸ.13，潘朝晖。

分布：西藏、华东、华中和西南各省区；不丹，尼泊尔，印度。

（一〇四）蟠蛱蝶属 *Pantoporia* Hübner, [1819]

小型蛱蝶。外形与蜡蛱蝶及部分环蛱蝶十分相似。翅背面为深褐色，上有橙色的粗横纹。翅腹面多带类似斑纹，但底色明显较淡。雄蝶前翅腹面下缘及后翅背面前缘有性标。

分布于东洋区和澳洲区，国内记载 7 种。

259. 金蟠蛱蝶 *Pantoporia hordonia* (Stoll, [1790])*

小型蛱蝶。翅背面底色深褐色，有明显橙色带纹。前翅中室橙斑前侧有 2 个小缺口，沿亚外缘有 1 条橙色线纹。翅腹面的底色为红褐色，带斑驳的黄色和淡紫色细纹，背面橙色斑的对应位置呈浅橙色，常带红褐色斑点。雄蝶后翅背面前缘有银灰色性标。

1 年多代，成虫全年可见，幼虫以豆科天香藤和猴耳环等植物为寄主。

验视标本：1♂，墨脱 96K，2017.Ⅴ.9，潘朝晖；1♂，墨脱背崩，2017.Ⅴ.12，潘朝晖。

分布：西藏、云南、广东、广西、福建、海南、台湾、香港；印度，尼泊尔，斯里兰卡，缅甸，泰国，马来西亚，印度尼西亚，菲律宾。

①♂
小环蛱蝶
墨脱亚让 2006-08-20

❶♂
小环蛱蝶
墨脱亚让 2006-08-20

②♂
中环蛱蝶
察隅县城 2014-08-28

❷♂
中环蛱蝶
察隅县城 2014-08-28

③♂
中环蛱蝶
墨脱 2016-08-03

❸♂
中环蛱蝶
墨脱 2016-08-03

④♀
中环蛱蝶
墨脱格当 1982-10-08

❹♀
中环蛱蝶
墨脱格当 1982-10-08

⑤♂
中环蛱蝶
察隅龙古村 2017-06-04

❺♂
中环蛱蝶
察隅龙古村 2017-06-04

⑥♂
中环蛱蝶
察隅县城 2019-06-29

❻♂
中环蛱蝶
察隅县城 2019-06-29

⑦♂
中环蛱蝶
墨脱 2016-08-03

❼♂
中环蛱蝶
墨脱 2016-08-03

⑧♂
耶环蛱蝶
墨脱亚让 2006-08-20

❽♂
耶环蛱蝶
墨脱亚让 2006-08-20

⑨♂
珂环蛱蝶
墨脱亚让 2006-08-20

❾♂
珂环蛱蝶
墨脱亚让 2006-08-20

⑩♂
娑环蛱蝶
墨脱背崩 2017-05-12

❿♂
娑环蛱蝶
墨脱背崩 2017-05-12

⑪♂
娑环蛱蝶
墨脱阿尼桥 1996-07-04

⑪♂
娑环蛱蝶
墨脱阿尼桥 1996-07-04

⑫♂
娜环蛱蝶
墨脱 2018-07-28

⑫♂
娜环蛱蝶
墨脱 2018-07-28

⑬♂
宽环蛱蝶
巴宜区 2018-07-02

❶❸♂
宽环蛱蝶
巴宜区 2018-07-02

⑭♂
宽环蛱蝶
波密易贡 2018-08-07

❶❹♂
宽环蛱蝶
波密易贡 2018-08-07

⑮♂
烟环蛱蝶
墨脱背崩 2017-05-05

❶❺♂
烟环蛱蝶
墨脱背崩 2017-05-05

⑯♂
烟环蛱蝶
墨脱背崩 2017-05-12

⑯♂
烟环蛱蝶
墨脱背崩 2017-05-12

⑰♂
断环蛱蝶
察隅县城 2019-06-29

⑰♂
断环蛱蝶
察隅县城 2019-06-29

⑱♂
断环蛱蝶
波密易贡 2017-07-12

⑱♂
断环蛱蝶
波密易贡 2017-07-12

⑲♂
阿环蛱蝶
波密易贡 2017-07-02

❶❾♂
阿环蛱蝶
波密易贡 2017-07-02

⑳♂
娜巴环蛱蝶
墨脱大岩洞 1973-08-18

❷⓿♂
娜巴环蛱蝶
墨脱大岩洞 1973-08-18

㉑♂
矛环蛱蝶
墨脱（采集人及时间不详）

❷❶♂
矛环蛱蝶
墨脱（采集人及时间不详）

㉒♀
玛环蛱蝶
墨脱背崩 2017-05-12

㉒♀
玛环蛱蝶
墨脱背崩 2017-05-12

㉓♀
蛛环蛱蝶
墨脱 2015-06-28

㉓♀
蛛环蛱蝶
墨脱 2015-06-28

㉔♀
蛛环蛱蝶
上察隅 2015-08-24

㉔♀
蛛环蛱蝶
上察隅 2015-08-24

㉕♀
黄环蛱蝶
墨脱 2018-07-12

㉕♀
黄环蛱蝶
墨脱 2018-07-12

㉖♀
黄环蛱蝶
波密易贡 2017-07-07

㉖♀
黄环蛱蝶
波密易贡 2017-07-07

㉗♂
黄环蛱蝶
波密易贡 2018-08-07

㉗♂
黄环蛱蝶
波密易贡 2018-08-07

㉘♀
霭菲蛱蝶
墨脱 2012-07-24

㉘♀
霭菲蛱蝶
墨脱 2012-07-24

㉙♂
霭菲蛱蝶
波密易贡 2017-09-13

㉙♂
霭菲蛱蝶
波密易贡 2017-09-13

㉚ ♂
金蟠蛱蝶
墨脱 2017-05-09

㉚ ♂
金蟠蛱蝶
墨脱 2017-05-09

㉛ ♂
金蟠蛱蝶
墨脱背崩 2017-05-12

㉛ ♂
金蟠蛱蝶
墨脱背崩 2017-05-12

四、灰蝶科 Lycaenidae

（一〇五）褐蚬蝶属 *Abisara* C. & R. Felder, 1860

中型至大型蚬蝶。翅背面呈褐色或红褐色，部分种类前翅带浅色斜带，后翅亚外缘有不连续的眼斑列，部分种类带长尾突。翅腹面斑纹相似，唯底色较淡。雌蝶翅形较圆。

分布于非洲区、东洋区和古北区东缘南部，国内记载 9 种。

260. 黄带褐蚬蝶 *Abisara fylla* (Westwood, 1851)

中型蚬蝶。翅背面深褐色，前翅端部常带 2 个白点，中央有黄色斜带，后翅中央有 1 个淡色纵斑，亚外缘有黑色眼斑列，部分外侧镶有 1 个白点。

1 年多代，成虫在南方全年可见，幼虫以紫金牛科杜茎山属植物为寄主。

验视标本：1♂，墨脱背崩，2017. V.12，潘朝晖；1♂，墨脱背崩，2017. Ⅶ.15，潘朝晖。

分布：西藏、云南、四川、广西、广东、福建、海南；印度东北部及中南半岛等。

261. 锡金尾褐蚬蝶 *Abisara chela* de Nicéville, 1886

大型蚬蝶。翅背面红褐色，前翅外侧有 1 条淡色直纹，中央有白色斜带，后翅尾突较短；前翅腹面外侧直纹呈白色，相当分明；后翅腹面中央锯齿纹，中段向外突出。

1 年多代，成虫多见于 5 ~ 9 月。

验视标本：1♂，地东 800 m，1983. Ⅳ.6，林再。

分布：西藏、云南；缅甸，印度。

262. 长尾褐蚬蝶 *Abisara neophron* (Hewitson, 1861)

大型蚬蝶。后翅有长尾突。翅背面红褐色，前翅外侧有 1 条淡色直纹，中央有白色斜带；后翅中央有 1 条淡色锯齿纹；亚外缘前侧有 2 个黑色眼状斑，外侧镶白色边。翅腹面底色较淡，斑纹与背面基本一致，但更突出。旱季型后翅亚外缘眼纹减退，中央纹外侧泛白。

1 年多代，成虫几乎全年可见，幼虫以紫金牛科植物网脉酸藤子为寄主。

验视标本：1♂，墨脱加热萨，1982. Ⅺ.1，林再（中国科学院动物研究所标本）。

分布：西藏、云南、广东、广西、福建；尼泊尔，印度东北部，中南半岛。

（一〇六）尾蚬蝶属 *Dodona* Hewitson, [1861]

中型或中小型蚬蝶。复眼被毛。下唇须第 3 节短小。雄蝶前足跗节愈合，密被毛。前翅翅形三角形，后翅向后延长，具臀角叶状突，部分种类后端有尾状突。翅面底色一般呈暗褐色，有白、黄、橙色斑点与条纹。

分布于东洋区及澳洲区，国内记载 12 种。

263. 红秃尾蚬蝶 *Dodona adonira* Hewitson，1866

中型蚬蝶。躯体背侧暗褐色，腹侧黄白色。后翅无尾状突。翅背面底色暗褐色，翅面缀红褐色条纹。翅腹面底色黄白色，翅面缀红棕色线纹。臀角叶状突黑褐色，其前方有 1 条橙红色纹，其内有黑褐色小斑点。

1 年多代。

验视标本：1♂，上察隅，2015.Ⅵ.24，潘朝晖。

分布：西藏、云南、广西；印度，尼泊尔，缅甸，泰国，老挝，越南，印度尼西亚等。

264. 秃尾蚬蝶 *Dodona dipoea* (Westwood，[1851])

中型蚬蝶。躯体背侧暗褐色，腹侧白色。后翅无尾状突。翅背面底色暗褐色，翅面缀白色小斑点及条纹，于后翅格外模糊。翅腹面底色黄褐色或红褐色，翅面缀白色斑点及条纹。后翅外缘前端有 2 个黑斑点。臀角叶状突黑褐色，其前方有一小片灰色纹。

验视标本：1♀，波密易贡，2018.Ⅹ.1，潘朝晖。

分布：西藏、云南、四川、湖南；印度，缅甸，越南。

265. 银纹尾蚬蝶 *Dodona eugenes* Bates，[1868]

中型蚬蝶。躯体背侧暗褐色，腹侧白色。后翅有楔形尾状突。翅背面底色暗褐色，翅面缀橙黄色斑点及条纹，前翅翅端附近有数个小白点。翅腹面底色暗褐色，翅面缀银白色斑点及条纹。后翅外缘前端有 2 个黑斑点。臀角叶状突及尾状突黑褐色，其前方有一小片灰色纹。

1 年多代，幼虫以铁仔属植物为寄主。

验视标本：1♂，排龙，2019.Ⅴ.18，潘朝晖。

分布：西藏、台湾及华南、华西、华东等地区；印度，缅甸，泰国，越南等。

266. 大斑尾蚬蝶 *Dodona egeon* Westwood，[1851]*

中型蚬蝶。躯体背侧暗褐色，腹侧白色。后翅有楔形尾状突。翅背面底色暗褐色，翅面缀橙色斑点及细纹，前翅翅端附近有数个小白点。翅腹面底色暗褐色，翅面缀白色斑点及条纹。后翅外缘前端有 2 个黑斑点。臀角叶状突及尾状突黑褐色，其前方有一小片灰色纹。本种斑纹构成与银纹尾蚬蝶类似，但斑纹较大且色彩偏黄色。

1 年多代。

验视标本：1♂，上察隅，2015.Ⅵ.24，潘朝晖

分布：西藏、云南、广东、香港及福建；印度，缅甸，泰国，老挝，越南。

267. 斜带缺尾蚬蝶 *Dodona ouida* Hewitson，1866

中型蚬蝶。雌雄斑纹相异。躯体背侧暗褐色，腹侧黄白色。后翅无尾状突。雄蝶翅背面底色暗褐色，翅面缀橙色或橙黄色条纹，于前翅较鲜明，由 3 条斑带构成，内侧 2 条明显倾斜。翅腹面底色红褐色，前翅亦有橙黄色条纹，后翅内侧有 1 条白色或灰白色细纵线，翅面中央有 1 条灰色纵线。后翅外缘前端

有 2 个黑斑点。臀角叶状突黑褐色，其前方有 1 条灰色纹。雌蝶前翅有 1 条明显白色斜行斑带。

1 年多代。

验视标本：1♂，墨脱地东，1983. Ⅳ. 6，林再（中国科学院动物研究所标本）。

分布：西藏、云南、四川、重庆、广东、福建；印度，尼泊尔，缅甸，泰国，老挝，越南。

268. 无尾蚬蝶 *Dodona durga* (Kollar, [1844])

中小型蚬蝶。躯体背侧暗褐色，腹侧白色。后翅无尾状突。翅背面底色暗褐色，翅面缀橙黄色斑点及条纹。翅腹面底色暗褐色，前翅面缀橙黄色斑点及条纹，后翅斑点则为黄白色或白色。后翅外缘前端有 2 个黑斑点。臀角叶状突黑褐色，其前方有 1 片橙黄色纹，其内有黑褐色小斑点。

验视标本：1♂，察隅，采集人及时间不详。

分布：西藏、云南、四川；印度，尼泊尔。

（一〇七）波蚬蝶属 *Zemeros* Boisduval, [1836]

中小型蚬蝶。翅棕褐色，具许多小白斑。

成虫栖息于林下、林缘、溪谷等环境，飞行能力不强，喜欢访花或在地面吸水。幼虫寄主为紫金牛科植物。

分布于东洋区。

269. 波蚬蝶 *Zemeros flegyas* (Cramer, [1780])

中小型蚬蝶。翅背面棕褐色，翅室内具许多白色小斑，这些小斑的内侧沿着翅室具有深褐色的长条形斑。翅腹面颜色较淡，斑纹基本同背面。

1 年多代，幼虫寄主为紫金牛科鲫鱼胆等植物。

验视标本：1♂，墨脱背崩，2017. Ⅴ. 12，潘朝晖。

分布：西藏、浙江、福建、江西、湖南、广东、广西、海南、四川、重庆、贵州、云南、香港；印度，缅甸，泰国，老挝，越南，马来西亚，印度尼西亚等。

① ♂
黄带褐蚬蝶
墨脱背崩 2017-05-12

❶ ♂
黄带褐蚬蝶
墨脱背崩 2017-05-12

② ♂
黄带褐蚬蝶
墨脱背崩 2017-07-15

❷ ♂
黄带褐蚬蝶
墨脱背崩 2017-07-15

③ ♂
锡金尾褐蚬蝶
地东 1983-04-06

❸ ♂
锡金尾褐蚬蝶
地东 1983-04-06

④♂
长尾褐蚬蝶
墨脱加热萨 1982-11-01

❹♂
长尾褐蚬蝶
墨脱加热萨 1982-11-01

⑤♂
红秃尾蚬蝶
上察隅 2015-06-24

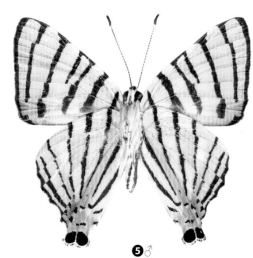

❺♂
红秃尾蚬蝶
上察隅 2015-06-24

⑥♀
秃尾蚬蝶
波密易贡 2018-10-01

❻♀
秃尾蚬蝶
波密易贡 2018-10-01

⑦♂
银纹尾蚬蝶
排龙 2019-05-18

❼♂
银纹尾蚬蝶
排龙 2019-05-18

⑧♂
大斑尾蚬蝶
上察隅 2015-06-24

❽♂
大斑尾蚬蝶
上察隅 2015-06-24

⑨♂
斜带缺尾蚬蝶
墨脱地东 1983-04-06

❾♂
斜带缺尾蚬蝶
墨脱地东 1983-04-06

⑩♂
无尾蚬蝶
察隅（采集人及时间不详）

❿♂
无尾蚬蝶
察隅（采集人及时间不详）

⑪♂
波蚬蝶
墨脱背崩 2017-05-12

⓫♂
波蚬蝶
墨脱背崩 2017-05-12

（一○八）银灰蝶属 *Curetis* Hübner, [1819]

中型灰蝶。外形独特，雄雌异型明显。翅背面深褐色，雄蝶两翅中央带橙色斑纹，雌蝶则呈白色或较浅的橙色；翅腹面呈均一的银白色，几乎无斑。

分布于东洋区、古北区东南部及澳洲区北部，国内已知 4 种。

270. 尖翅银灰蝶 *Curetis acuta* Moore, 1877

中型灰蝶。雄蝶翅背面深褐色，前翅中央、后翅中室下侧和外侧均有橙红色斑，红斑面积变异幅度颇大；雌蝶在对应区则带灰蓝色或白色斑。翅腹面银白色，散布黑褐色鳞片，前后翅分别有 1 列和 2 列淡灰色的直斑。旱季型翅形较尖，棱角较多，背面色斑较发达。

1 年多代，成虫在南方全年可见，幼虫以多种豆科植物为寄主。

验视标本：1♂，墨脱，2018. Ⅶ. 28，潘朝晖。

分布：西藏、河南、湖北、湖南、上海、浙江、四川、江西、福建、广东、广西、海南、台湾、香港；日本，印度，缅甸，泰国，老挝，越南等。

（一○九）磐灰蝶属 *Iwaseozephyrus* Fujioka, 1994

中型或中小型灰蝶。雌雄斑纹明显相异。身躯背面呈暗褐色，腹面呈白色。复眼密被长毛。雄蝶前足跗节愈合、无爪，雌蝶前足跗节分节、具爪。后翅 Cu_2 脉末端具楔形短尾突。翅背面底色褐色，雄蝶翅面上有暗紫色纹。雌蝶前翅翅面有橙色纹。翅腹面底色呈褐色或灰褐色，翅面上有白色或暗色线纹。后翅亚外缘有 1 列橙色或暗色弦月纹列。尾突前方有时具橙红色纹及黑色斑点形成的眼纹。

分布于东洋区，国内已知 4 种。

271. 毕磐灰蝶 *Iwaseozephyrus bieti* (Oberthür, 1886)

中小型灰蝶。翅背面底色暗褐色，雄蝶翅面上有暗紫色纹。雌蝶前翅内侧有蓝紫色纹，其前方有 2 ~ 3 条橙色纹。翅腹面底色多变化，可见暗褐色、褐色、黄褐色或灰褐色。前、后翅各有 1 条弧形线纹，线纹色彩外浅内深，后翅线纹后端有时呈波状。前、后翅中室端有 1 条褐色短线。后翅亚外缘有 1 列红褐色或暗褐色弦月形线纹，近臀角处有时镶浅蓝色细边。

1 年 1 代，成虫多见于 6 ~ 9 月。

验视标本：1♀，八一镇，2018. Ⅸ. 29，潘朝晖；1♂，巴宜区，2018. Ⅷ. 1，潘朝晖。

分布：西藏、四川、云南。

①♂
尖翅银灰蝶
墨脱 2018-07-28

❶♂
尖翅银灰蝶
墨脱 2018-07-28

②♀
毕磐灰蝶
八一镇 2018-09-29

❷♀
毕磐灰蝶
八一镇 2018-09-29

③♂
毕磐灰蝶
巴宜区 2018-08-01

❸♂
毕磐灰蝶
巴宜区 2018-08-01

（一一○）江崎灰蝶属 *Esakiozephyrus* Shirôzu & Yamamoto,1956

中型灰蝶。雌雄斑纹相异。身躯背面呈暗褐色，腹面呈白色。复眼密被长毛。雄蝶前足跗节愈合、无爪，雌蝶前足跗节分节、具爪。后翅具丝状尾突。翅背面底色褐色，雄蝶翅面上有暗紫色纹。雌蝶前翅翅面有橙色纹，有时翅基半部有蓝紫色纹。翅腹面底色呈褐色，翅面上有白色、暗色线纹及条纹。后翅亚外缘有 1 列橙色或暗色弦月纹列。尾突前方有具橙红色纹及黑色斑点形成的眼纹。

分布于东洋区，国内已知 2 种。

272. 江崎灰蝶 *Esakiozephyrus icana* (Moore，1874)

中型灰蝶。翅背面底色暗褐色，雄蝶翅面上有暗紫色纹，但沿翅脉处暗色。雌蝶前翅内侧常有蓝紫色纹，其前方有 2 条橙色纹。翅腹面底色浅褐色。前、后翅有外缘镶白线之明显暗色条纹。后翅暗色条纹于后端反折，呈 W 字形。前、后翅中室端有 1 条褐色短条，后翅者常与中央条纹融合。前、后翅亚外缘有 2 列暗色条纹。臀角附近橙色纹有时向前延伸。

1 年 1 代，成虫多见于 6 ~ 9 月。

验视标本：1♂，八一镇，2018. IX. 28，潘朝晖；1♂，巴宜区，2017. VIII. 1，潘朝晖。

分布：西藏、四川、云南；印度，尼泊尔，缅甸等。

（一一一）桠灰蝶属 *Yasoda* Doherty, 1889

中型灰蝶。翅背面橙红色，具长尾突，雄蝶有明显的性标。

分布于东洋区，国内已知 2 种。

273. 三点桠灰蝶 *Yasoda tripunctata* (Hewitson，1863)

中型灰蝶。雄蝶前翅顶角尖锐，翅背面橙红色，前翅前缘、顶区及外缘具黑边，中部有呈直线排列的 3 枚小黑点 (部分个体退化)，后翅前区及臀区色淡，外缘赭褐色，尾突自基部向端部渐黑，末端白色，靠内缘中部有 1 条粗重的黑色性标，性标外侧具 1 条与之几乎垂直但略弯曲的黑色横带；翅腹面赭黄色，前、后翅有许多小黑点及两侧饰黑纹的不规则深色横带，尾突黑色。雌蝶无性标，斑纹与雄蝶相似。

1 年多代，成虫在南方全年可见。

验视标本：1♂，墨脱，采集时间及采集人不详。

分布：西藏、云南、海南、广西；印度，缅甸，泰国，老挝，越南。

① ♂
江崎灰蝶
八一镇 2018-09-28

❶ ♂
江崎灰蝶
八一镇 2018-09-28

② ♂
江崎灰蝶
巴宜区 2017-08-01

❷ ♂
江崎灰蝶
巴宜区 2017-08-01

③ ♂
三点桠灰蝶
墨脱（采集人及采集时间不详）

❸ ♂
三点桠灰蝶
墨脱（采集人及采集时间不详）

（一一二）银线灰蝶属 *Spindasis* Wallengren, 1857

中小型灰蝶。复眼光滑。下唇须第 3 节细长。足跗节末端爪二分。雄蝶前足跗节愈合，无爪。翅背面色彩以黑褐色为底色，常有黄、橙色纹及金属色蓝、紫色斑。翅腹面具有银色及黑褐色或红褐色线纹。后翅常有两尾突。后翅臀角叶状突起明显。

分布于古北区及东洋区，国内记载 8 种。

274. 西藏银线灰蝶 *Spindasis zhengweilie* Huang, 1998

中小型灰蝶。雌雄斑纹相异。躯体黑褐色，有浅黄色细环。后翅有 2 条丝状细尾突。臀角附近有叶状突。翅背面底色黑褐色，雄蝶有具金属光泽之靛蓝色纹，雌蝶则有浅蓝色纹。后翅臀角附近有橙色斑，叶状突黑色，内有银纹。翅腹面底色呈浅黄色，前、后翅均有含银线之黑褐色条纹。前翅腹面翅基纹由 1 条黑色短线与 1 个端部锤状斑组成。后翅腹面翅基附近斑纹分裂为 3 枚小斑。臀角处有 1 个橙色斑。叶状突黑色，内有银纹。

验视标本：2♂♂，上察隅，2015. Ⅶ.12，潘朝晖。

分布：西藏。

（一一三）双尾灰蝶属 *Tajuria* Moore, [1881]

中型灰蝶。雄蝶翅背面黑色，有天蓝色闪光金属光泽或淡蓝、淡紫色光泽，腹面为灰色或白色，有黑色线纹或斑纹，尾突 1 对。雄蝶前足跗节愈合，复眼裸、黑色，没有性标，后翅有鳞毛，雌蝶颜色较淡。

分布于东洋区，国内记载 9 种。

275. 白日双尾灰蝶 *Tajuria diaeus* (Hewitson, 1865)*

中型灰蝶。雌雄同型。雄蝶前翅背面黑色，有 1 道弧形蓝紫色闪光斑，中部隐约有白色过渡斑。后翅前缘及内缘为灰白色，其余为蓝紫色闪光，臀瓣黑色，尾突 1 对，一长一短，后翅腹面灰白色，亚外缘有 1 列褐色直纹，各中室斑纹隐约不明显；雌蝶后翅蓝色斑不发达。

1 年多代，成虫多见于春秋两季，幼虫以桑寄生科植物为寄主。

验视标本：1♀，波密易贡，2018. Ⅸ.2，潘朝晖。

分布：西藏、福建、广东、广西、海南、云南、四川、台湾；印度，泰国，老挝，缅甸，越南。

①♂
西藏银线灰蝶
上察隅 2015-07-12

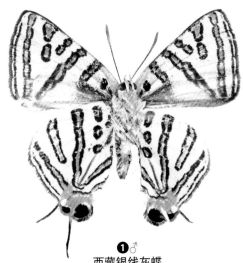

❶♂
西藏银线灰蝶
上察隅 2015-07-12

②♂
西藏银线灰蝶
上察隅 2015-07-12

❷♂
西藏银线灰蝶
上察隅 2015-07-12

③♀
白日双尾灰蝶
波密易贡 2018-09-02

❸♀
白日双尾灰蝶
波密易贡 2018-09-02

（一一四）蒲灰蝶属 *Chliaria* Moore, 1884

中型灰蝶。雌雄异型。雄蝶翅背面多有带金属光泽的蓝色斑纹，雌蝶则多呈深褐色。腹面底色较浅。后翅带两尾突。除缺乏性标外，本属与旖灰蝶属外形相似，关系接近，常被并入后者中。

分布于东洋区，国内已知 2 种。

276. 吉蒲灰蝶 *Chliaria kina* (Hewitson, 1869) *

中型灰蝶。雄蝶翅背面呈灰蓝色，前翅前缘、外缘及后翅前缘有粗黑边。雌蝶翅背面呈深褐色，有白纹。翅腹面底色呈白色，有两侧镶褐色线的橙色纹，中室端有灰褐色短条，后翅外缘下方有 2 个外镶橙色的深褐色眼斑。旱季型腹面斑纹有减退，雌蝶翅背面白斑较发达。

1 年多代，成虫多见于 3 ~ 11 月，幼虫仅以兰科植物为寄主。

验视标本：1♂，波密易贡，2018. IX. 7，周润发。

分布：云南、海南、台湾；印度，缅甸，泰国，马来西亚等。

（一一五）珍灰蝶属 *Zeltus* de Nicéville, 1890

中小型灰蝶。雄蝶翅背面呈黑色及蓝灰色，雌蝶褐色，两性后翅都有 2 条长尾突，尤其内侧靠臀角的尾突极长，常呈扭曲状。

分布于东洋区、澳洲区，国内已知 1 种。

277. 珍灰蝶 *Zeltus amasa* (Hewitson, 1869) *

中小型灰蝶。雄蝶翅背面黑色，前翅基部及后翅大部分为蓝灰色，后翅顶角具有 1 块黑斑，黑斑发达，个体呈方形，后拥有 2 条非常长的尾突，尾突白色并有灰色中线，翅腹面灰白色，前翅中室端部具 1 条赭黄色短横带，外侧自前缘贯穿 1 条更长的赭黄色横带。后翅前缘近基部具有 1 枚小黑点，中室端部具有 1 条模糊的短横带，外中区贯穿 1 条赭黄色不规则横带，前半部连续，后半部断裂为褐色短线，后缘及臀角处各具 1 枚饰有金蓝色鳞的黑点。雌蝶翅背面为灰褐色，前翅中部有隐约的淡色斑，后翅亚外缘的中下部有较宽的白纹，下部有 1 个黑色圆斑，尾突为灰褐色，翅腹面斑纹与雄蝶相似。

1 年多代，成虫在部分地区几乎全年可见，幼虫主要以大青属植物为寄主。

验视标本：1♂，墨脱背崩，2017. VII. 28，潘朝晖。

分布：西藏、云南、广西、海南；从南亚印度到澳洲区的新几内亚岛之间的广泛区域。

①♂
吉蒲灰蝶
波密易贡 2018-09-07

❶♂
吉蒲灰蝶
波密易贡 2018-09-07

②♂
珍灰蝶
墨脱背崩 2017-07-28

❷♂
珍灰蝶
墨脱背崩 2017-07-28

（一一六）燕灰蝶属 *Rapala* Moore, [1881]

中型或中小型灰蝶。复眼被毛。下唇须第 3 节向前指。雄蝶前足跗节愈合。翅背面常有蓝色光泽或橙色纹。翅腹面呈褐色、黄色或白色，有褐色线纹、斑点。后翅有尾突。后翅臀角有叶状突。雄蝶有第二性征：雄蝶前翅腹面后缘具长毛，后翅背面翅基附近有性标。

分布于澳洲区及东洋区，国内已知 14 种。

278. 奈燕灰蝶 *Rapala nemorensis* Oberthür, 1914

中型灰蝶。雌雄斑纹相似。躯体背侧黑褐色，腹侧灰色。后翅有细尾突。翅背面褐色，有蓝色金属光泽，前翅有明显橙色大斑，后翅沿外缘有橙色纹组成的斑带。翅腹面底色浅褐色，前、后翅各有 1 条镶黑褐色边的橙色带纹，于后翅反折成 W 形。前、后翅中室端有模糊暗褐色短条，后翅沿外缘有 1 道模糊橙色带，后翅臀角附近有眼状斑。雄蝶前翅腹面后缘具长毛。后翅背面近翅基处有泪滴形灰色性标。

验视标本：1♀，波密易贡，2017. V.1，潘朝晖；1♂，波密易贡，2017. Ⅵ.5，潘朝晖。

分布：西藏、云南。

279. 霓纱燕灰蝶 *Rapala nissa* Kollar, [1844]

中型或中小型灰蝶。雌雄斑纹相似。躯体背侧黑褐色，腹侧胸部浅褐色或灰色，腹部黄白色或橙色。后翅有细长尾突。翅背面褐色，有蓝色金属光泽，前翅偶有橙红色纹。翅腹面底色褐色或浅褐色，前、后翅各有 1 条线纹，外侧为模糊白线，中间为暗褐色线，内侧为橙色线。线纹于后翅后侧反折成 W 形。前、后翅中室端有模糊暗褐色短条，沿外缘有 2 道暗色带，后翅臀角附近有眼状斑。雄蝶前翅腹面后缘具长毛。后翅背面近翅基处有半圆形灰色性标。

1 年多代，成虫除冬季外全年可见，幼虫以多种植物为寄主。

验视标本：1♂，排龙，2019. V.18，潘朝晖；1♂，察隅县城，2019. Ⅵ.29，潘朝晖。

分布：西藏、云南、四川、台湾；印度，尼泊尔，泰国等。

（一一七）生灰蝶属 *Sinthusa* Moore, [1884]

中小型灰蝶。翅背面底色呈深褐色或白色，雄蝶多有大片金属蓝色或灰蓝色斑，雌蝶无斑或带浅色斑。翅膜多呈灰白色，有断裂或连续的褐色斑纹。后翅有细长尾突，臀叶发达。雄蝶前翅腹面下缘带长毛，后翅背面近基部有灰色性标。

分布于古北区东部南缘、东洋区，国内目前已知 6 种。

280. 蓝生灰蝶 *Sinthusa confusa* Evans, 1925*

中型灰蝶。雄蝶翅背面底色呈深褐色，前翅基部靠后缘处有一大的蓝色金属斑，后翅金属蓝色斑大，直达外缘；翅腹面底色呈灰白色，两翅有断裂为数段的灰褐色斑列，中室端有短斑，后翅基部靠后缘处有黑色鳞粉，后翅臀区附近散布金属蓝色鳞片，有一个黑色眼斑，臀叶黑色。

验视标本：1♂，波密易贡，2018. Ⅸ.10，潘朝晖。

分布：西藏、四川。

①♀
奈燕灰蝶
波密易贡 2017-05-01

❶♀
奈燕灰蝶
波密易贡 2017-05-01

②♂
奈燕灰蝶
波密易贡 2017-06-05

❷♂
奈燕灰蝶
波密易贡 2017-06-05

③♂
霓纱燕灰蝶
排龙 2019-05-18

❸♂
霓纱燕灰蝶
排龙 2019-05-18

④♂
霓纱燕灰蝶
察隅县城 2019-06-29

❹♂
霓纱燕灰蝶
察隅县城 2019-06-29

⑤♂
蓝生灰蝶
易贡 2018-09-10

❺♂
蓝生灰蝶
易贡 2018-09-10

（一一八）罕莱灰蝶属 *Helleia* de Verity, 1943

中型灰蝶。成虫底色为黑褐色，翅面有橙红色、紫色斑，亦有金属色闪光，腹面颜色鲜艳。

分布于古北区，国内已知 2 种。

281. 丽罕莱灰蝶 *Helleia li* (Oberthür, 1896)

小型灰蝶。翅背面暗红褐色，有紫色金属光泽，前翅外角附近红色，后翅外缘有红色新月纹，尾状突 1 枚，雌蝶前翅大部分橙红色，有黑斑；腹面前翅橙黄色，后翅橙红色，前翅中室斑黑斑 3 个，中室下方 cu_2 室有 1 个黑斑，中域有 1 列垂直黑斑，亚缘有断续状白色条纹，后翅亚外缘白色条纹连续，臀角上方有 V 形纹，基部、中域有黑斑。

成虫多见于 5 ~ 8 月。

验视标本：1♀，芒康，1976. Ⅵ. 2，张学忠；1♂，察雅 3 600 m，1976. Ⅷ. 8，韩寅恒。

分布：西藏、四川、云南。

（一一九）貉灰蝶属 *Heodes* Dalman, 1816

中小型灰蝶。成虫底色为橙红色、暗红色，雌蝶翅面有黑斑或红斑，有的后翅有尾突，腹面有点斑或线条。

分布于古北区，国内已知 8 种。

282. 昂貉灰蝶 *Heodes ouang* (Oberthür, 1891)

中型灰蝶。雄蝶翅背面暗红色，有紫色金属光泽，前翅中室及中室端各有 1 个黑斑，前、后翅外缘黑色，内有红斑，后翅有尾状突；雌蝶黑褐色，中室基部有紫色斑，中室红斑大，方形，外侧有方形红斑带，亚缘有红斑；腹面前翅红褐色，后翅灰褐色，前翅中室外有 2 条带，1 条斑状，1 条带状，后翅中域带垂直呈钩形。

成虫多见于 6 ~ 7 月。

验视标本：1♂，察隅，2019. Ⅷ. 3，刘锦程；1♀，察隅县城，2019. Ⅵ. 29，潘朝晖。

分布：西藏、云南、四川。

① ♀
丽罕莱灰蝶
芒康 1976-06-02

❶ ♀
丽罕莱灰蝶
芒康 1976-06-02

② ♂
丽罕莱灰蝶
察雅 1976-08-08

❷ ♂
丽罕莱灰蝶
察雅 1976-08-08

③ ♂
昂骆灰蝶
察隅 2019-08-03

❸ ♂
昂骆灰蝶
察隅 2019-08-03

④ ♀
昂骆灰蝶
察隅县城 2019-06-29

❹ ♀
昂骆灰蝶
察隅县城 2019-06-29

（一二〇）呃灰蝶属 *Athamanthia* Zhdanko, 1983

中小型灰蝶。成虫底色为暗红色、黑褐色，翅面有黑斑、红斑，有的后翅有尾突，雄蝶翅面常有紫色金属光泽。

分布于古北区，国内已知 8 种。

283. 庞呃灰蝶 *Athamanthia pang* (Oberthür, 1886) *

中型灰蝶。形态和呃灰蝶相近，主要区别在于腹面后翅翅脉褐色，中域有 1 条白色直线纹。

成虫多见于 5 ~ 7 月。

验视标本：1♀，芒康，1976. Ⅵ.26，张学忠。

分布：西藏、四川、云南、贵州、甘肃。

（一二一）灰蝶属 *Lycaena* Fabricius, 1807

中小型灰蝶。成虫底色为前翅红色，后翅黑褐色，前翅有黑斑，后翅有红带，腹面前翅橙黄色，后翅灰褐色，前翅黑斑大，后翅黑斑小。

分布于世界各地，国内记载 2 种。

284. 红灰蝶 *Lycaena phlaeas* (Linnaeus, 1761)

中小型灰蝶。背面前翅红色，中室有 2 个黑斑，中室外有黑斑带，外缘黑色，后翅黑褐色，外缘有红色带；腹面前翅橙黄色，斑纹同背面，外缘灰褐色，后翅灰褐色，基部、中域、中域外侧有小黑斑，外缘红色。

成虫多见于 5 ~ 9 月。

验视标本：1♀，八一镇，2018. Ⅸ.29，潘朝晖；1♂，巴宜区，2018. Ⅶ.2，潘朝晖。

分布：西藏、北京、陕西、四川、云南、新疆；世界各地。

（一二二）彩灰蝶属 *Heliophorus* Geyer in Hübner, [1832]

中小型灰蝶。雌雄斑纹相异，雄蝶翅背面黑褐色，常有金属光泽的蓝色、绿色或金色斑，雌蝶前翅多有 1 条橙色或红色斜纹。翅腹面底色黄色，上有细小的黑褐色及白色斑点及线纹，绝大多数种类后翅具尾突，属内各种间雌蝶差异极小，难以辨认。

分布于东洋区，国内已知 14 种。

285. 耀彩灰蝶 *Heliophorus gloria* Huang, 1999

中型灰蝶。与莎菲彩灰蝶、美男彩灰蝶非常相似，雄蝶翅背面闪金属蓝色，色泽与莎菲彩灰蝶相似，但翅形明显不同，与美男彩灰蝶的区别在于翅面色泽不如美男彩灰蝶亮丽，色调偏蓝紫色，而少绿蓝色，同时三者在地理分布上也不重叠，耀彩灰蝶只产于西藏的东南部。

成虫多见于 5 ~ 6 月。

验视标本：1♂，八一镇，2017.Ⅷ.1，潘朝晖；1♀，八一镇，2017.Ⅷ.9，潘朝晖。

分布：西藏。

286. 美男彩灰蝶 *Heliophorus androcles* (Westwood, [1851])

中型灰蝶。翅形明显较长，雄蝶翅背面的金属蓝色非常明亮，多蓝绿色调。

成虫多见于 6~8 月。

验视标本：1♀，察隅龙古村，2017.Ⅶ.15，呼景阔；1♂，察隅县城，2017.Ⅵ.1，潘朝晖。

分布：西藏、云南；印度，缅甸，泰国。

287. 浓紫彩灰蝶 *Heliophorus ila* (de Niceville & Martin, 1896)*

中型灰蝶。雄蝶翅背面黑褐色，前翅基半部及后翅内中区有色泽暗淡的深紫色斑，后翅臀角附近有 1 道橙红色斑纹，具尾突，末端白色。翅腹面底色为黄色，前后翅近外侧有 1 列细小短线纹，前翅及后翅前段为黑褐色，后段为白色，前、后翅外缘有 1 列外镶白纹的红色斑带。雌蝶背面黑褐色，无深紫色斑，前翅中部有 1 个橙红色斑，腹面斑纹与雄蝶类似。

1 年多代，成虫在部分地区几乎全年可见，幼虫以蓼科火炭母等植物为寄主。

验视标本：1♂1♀，八一镇，2017.Ⅶ.1，潘朝晖。

分布：西藏、福建、江西、广东、海南、台湾、广西、四川、陕西、河南；印度，不丹，缅甸，马来西亚、印度尼西亚等地。

288. 摩来彩灰蝶 *Heliophorus moorei* (Hewitson, 1865)

雄蝶翅正面金蓝色，前翅外端及前缘黑色；后翅前缘及外缘黑色，臀角域有新月形橘红色冠黑色的条斑。雌蝶翅面黑褐色，前翅中室端有 1 个橘红色大斑；后翅有 1 条齿状橘红色亚缘带。翅反面深金黄色，前翅臀角有 1 个圆形黑斑，其周围白色；后翅外缘有橘红色亚缘带，其内侧为黑边的白线。

成虫多见于 7~8 月，幼虫以蓼科火炭母等植物为寄主。

验视标本：2♀♀，高原生态研究所，2017.Ⅳ.19，潘朝晖；2♂♂，高原生态研究所，2017.Ⅳ.20，潘朝晖；2♂♂，墨脱背崩，2017.Ⅶ.13，潘朝晖；1♂，高原生态研究所，1996.Ⅳ，黄灏；1♂ 高原生态研究所，2014.Ⅳ.13，潘朝晖；1♂，高原生态研究所，2014.Ⅳ.26，潘朝晖。

分布：西藏；印度，缅甸。

①♀
庞呃灰蝶
芒康 1976-06-26

❶♀
庞呃灰蝶
芒康 1976-06-26

②♀
红灰蝶
八一镇 2018-09-29

❷♀
红灰蝶
八一镇 2018-09-29

③♂
红灰蝶
巴宜区 2018-07-02

❸♂
红灰蝶
巴宜区 2018-07-02

④♂
耀彩灰蝶
八一镇 2017-08-01

❹♂
耀彩灰蝶
八一镇 2017-08-01

⑤♀
耀彩灰蝶
八一镇 2017-08-09

❺♀
耀彩灰蝶
八一镇 2017-08-09

⑥♀
美男彩灰蝶
察隅龙古村 2017-07-15

❻♀
美男彩灰蝶
察隅龙古村 2017-07-15

⑦♂
美男彩灰蝶
察隅县城 2017-06-01

❼♂
美男彩灰蝶
察隅县城 2017-06-01

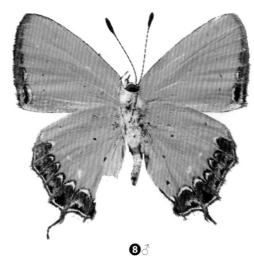

⑧♂
浓紫彩灰蝶
八一镇 2017-07-01

❽♂
浓紫彩灰蝶
八一镇 2017-07-01

⑨♀
浓紫彩灰蝶
八一镇 2017-07-01

❾♀
浓紫彩灰蝶
八一镇 2017-07-01

⑩♀
摩来彩灰蝶
高原生态研究所 2017-04-19

❿♀
摩来彩灰蝶
高原生态研究所 2017-04-19

⑪♀
摩来彩灰蝶
高原生态研究所 2017-04-19

⓫♀
摩来彩灰蝶
高原生态研究所 2017-04-19

⑫♂
摩来彩灰蝶
高原生态研究所 2017-04-20

⓬♂
摩来彩灰蝶
高原生态研究所 2017-04-20

⑬♂
摩来彩灰蝶
高原生态研究所 2017-04-20

⓭♂
摩来彩灰蝶
高原生态研究所 2017-04-20

⑭♂
摩来彩灰蝶
墨脱背崩 2017-07-13

⓮♂
摩来彩灰蝶
墨脱背崩 2017-07-13

⑮♂
摩来彩灰蝶
墨脱背崩 2017-07-13

⓯♂
摩来彩灰蝶
墨脱背崩 2017-07-13

⑯♂
摩来彩灰蝶
高原生态研究所 2014-04-13

❶❻♂
摩来彩灰蝶
高原生态研究所 2014-04-13

⑰♂
摩来彩灰蝶
高原生态研究所 2014-04-26

❶❼♂
摩来彩灰蝶
高原生态研究所 2014-04-26

⑱♂
摩来彩灰蝶
高原生态研究所 1996-04-??

❶❽♂
摩来彩灰蝶
高原生态研究所 1996-04-??

（一二三）娜灰蝶属 *Nacaduba* Moore, [1881]

小至中型灰蝶。雄蝶翅背面多呈带金属光泽的蓝紫色，雌蝶仅中央呈蓝色并带深褐色阔边。腹面多呈灰褐色，有多组镶白线纹列。后翅常带丝状尾突。

分布于东洋区和澳洲区，国内已知 5 种。

289. 古楼娜灰蝶 *Nacaduba kurava* (Moore, 1858) *

中型灰蝶。雄蝶翅背面呈带金属光泽的灰紫色，能透出腹面的斑纹，雌蝶背面以深褐色为主，前、后翅中央呈浅蓝或蓝紫色，后翅亚外缘有 1 列暗色斑点。翅腹面灰褐色，满布两侧镶白线的斑纹或带纹，其中 1 组贯穿前翅中室中央并延续至前缘，前、后翅亚外缘有深浅色相间的带纹，后翅近臀角有黑色镶橙边的眼纹，其外侧带金属蓝色鳞片。后翅有丝状尾实。旱季型个体腹面的斑纹较模糊，雌蝶背面的深褐色范围减退。

1 年多代，成虫在南方全年可见，幼虫以多种紫金牛科植物为寄主。

验视标本：1♂，墨脱背崩，2017. Ⅶ. 13，潘朝晖。

分布：西藏、福建、广东、广西、台湾、海南、香港；东洋区和澳洲区。

290. 贝娜灰蝶 *Nacaduba beroe* (C. & R. Felder, 1865) *

中型灰蝶。雄蝶翅背面呈暗紫色，无法透视腹面斑纹；前翅腹面贯穿中室中央的镶白线带纹，并无延续至前缘。

1 年多代，成虫在南方全年可见。

验视标本：1♂，墨脱背崩，2017. Ⅶ. 13，周润发。

分布：西藏、云南、海南、台湾；东洋区。

（一二四）咖灰蝶属 *Catochrysops* Boisduval, 1832

中型灰蝶。雄蝶翅背面几乎全为泛金属光的蓝紫色，雌蝶的蓝紫色面积小，外缘有明显黑褐色及白色小纹。雄蝶翅背面有矩形发香鳞，后翅有尾突。

分布于东洋区和澳洲区，国内已经 2 种。

291. 蓝咖灰蝶 *Catochrysops panormus* C. Felder, 1860*

中型灰蝶。雄蝶翅背面浅蓝色，有金属光泽，后翅有细长尾突，近臀角处有 1 个黑斑，翅腹面浅灰色，前、后翅中央有 1 组两边镶白线的带纹，中室端也有类似斑纹，前、后翅亚外缘有由暗色纹及白线组成的带纹，前翅前缘靠顶角处有 1 个小褐斑，褐斑非常接近中部横带，后翅上缘有 2 个明显的小黑点，近臀角处有黑斑和橙黄色弦月纹组成的眼状斑。雄蝶前、后翅背面亚外缘有白色纹列，后翅沿外缘有镶嵌白线的暗色斑列，近臀角处有黑斑和橙黄色弦月纹组成的眼状斑，翅腹面斑纹与雄蝶类似。

1 年多代，成虫在部分地区几乎全年可见。

验视标本：2♂♂，八一镇，2017. Ⅶ. 1，潘朝晖。

分布：西藏、海南、台湾、香港等地；见于从印度到澳大利亚的广泛区域。

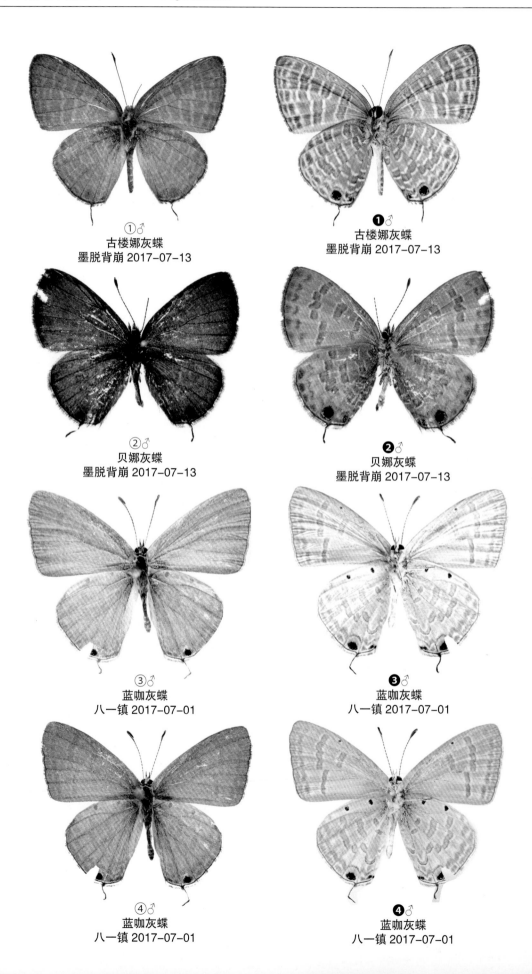

①♂
古楼娜灰蝶
墨脱背崩 2017-07-13

❶♂
古楼娜灰蝶
墨脱背崩 2017-07-13

②♂
贝娜灰蝶
墨脱背崩 2017-07-13

❷♂
贝娜灰蝶
墨脱背崩 2017-07-13

③♂
蓝咖灰蝶
八一镇 2017-07-01

❸♂
蓝咖灰蝶
八一镇 2017-07-01

④♂
蓝咖灰蝶
八一镇 2017-07-01

❹♂
蓝咖灰蝶
八一镇 2017-07-01

（一二五）洒灰蝶属 *Satyrium* Scudder, 1897

小型至大型灰蝶。翅面灰黑至棕黑色 (杨氏洒灰蝶为淡蓝色)，部分种类翅背面具红斑，多数种类后翅具尾突，腹面颜色浅于背面，部分种类黄色、灰色或白色。

分布于古北区、新北区、东洋区，国内已知 32 种。

292. 川滇洒灰蝶 *Satyrium fixseni* (Leech,1893)*

中型灰蝶。翅背面棕黑色，大部分个体前、后翅均具红斑，翅腹面棕黑色，具 1 条尾丝。

1 年 1 代，成虫多见于 7 ~ 8 月，幼虫以鼠李科鼠李属植物为寄主。

验视标本：1♀，察雅吉塘，1976. Ⅷ. 25，韩寅恒。

分布：西藏、云南北部、四川西部。

（一二六）僖灰蝶属 *Sinia* Forster, 1940

小型灰蝶。成虫底色为天蓝色，前翅中室端有黑斑，前、后翅外缘有黑斑，缘线黑色，缘毛白黑相间；腹面灰色，多黑斑，后翅有橙色带。

主要分布在我国西南一带。

293. 烂僖灰蝶 *Sinia lanty* (Oberthür, 1886)

小型灰蝶。背面翅面天蓝色，前翅中室端有 1 个黑斑，外缘黑斑列圆形；腹面灰色，中室外侧有 3 列斑，内列圆形且弯曲，外侧 2 列近方形，中室中间、端部有斑，后翅外侧黑斑带间有橙色带。

成虫多见于 5 ~ 6 月。

验视标本：1♂，高原生态研究所，1996. V. 3，黄灏。

分布：西藏、四川、云南、青海。

（一二七）吉灰蝶属 *Zizeeria* Chapman, 1910

小型灰蝶。翅背面闪蓝色金属光泽，翅腹面白色至淡黄褐色，具许多小斑。

分布于古北区南部、东洋区、澳洲区和非洲区，国内已知 2 种。

294. 酢浆灰蝶 *Zizeeria maha* (Kollar, [1844])

小型灰蝶。雄蝶背面闪淡蓝色金属光泽，雌蝶则为黑色，但低温型个体翅基部至中域闪有蓝色金属光泽；高温型个体翅腹面白色，具有许多小黑点；低温型个体翅腹面呈淡黄褐色，具许多围有淡色环纹的黑色或褐色小点。

1 年多代，幼虫以酢浆草科植物酢浆草为寄主。

验视标本：1♀，波密易贡，2016. Ⅷ.6，潘朝晖；1♀ 1♂，波密易贡，2017. X.7，周润发；1♀，八一镇，2017. Ⅷ.5，潘朝晖；1♂，波密易贡，2017. Ⅵ.1，潘朝晖。

分布：西藏、江苏、浙江、福建、江西、广东、广西、海南、四川、重庆、贵州、云南、香港、台湾；日本，朝鲜半岛，西亚，南亚和东南亚的广大地区。

①♀
川滇洒灰蝶
察雅吉塘 1976-08-25

❶♀
川滇洒灰蝶
察雅吉塘 1976-08-25

②♂
烂僖灰蝶
高原生态研究所 1996-05-03

❷♂
烂僖灰蝶
高原生态研究所 1996-05-03

③♀
酢浆灰蝶
波密易贡 2016-08-06

❸♀
酢浆灰蝶
波密易贡 2016-08-06

④♀
酢浆灰蝶
波密易贡 2017-10-07

❹♀
酢浆灰蝶
波密易贡 2017-10-07

⑤♂
酢浆灰蝶
易贡 2017-10-07

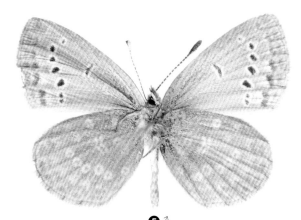

❺♂
酢浆灰蝶
易贡 2017-10-07

⑥♀
酢浆灰蝶
八一镇 2017-08-05

❻♀
酢浆灰蝶
八一镇 2017-08-05

⑦♂
酢浆灰蝶
波密易贡 2017-06-01

❼♂
酢浆灰蝶
波密易贡 2017-06-01

（一二八）亮灰蝶属 *Lampides* Hübner, [1819]

中型灰蝶。雄蝶翅背面紫蓝色，有形态特殊的发香鳞；雌蝶翅背面黑褐色，有蓝色纹。

分布于世界各地，国内已知 1 种。

295. 亮灰蝶 *Lampides boeticus* (Linnaeus, 1767)*

中型灰蝶。雄蝶翅背面蓝紫色，仅外缘有极细的黑边，后翅具尾突，翅腹面浅灰褐色，前后翅有许多白色细线及褐色带组成的斑纹，后翅亚外缘有 1 条醒目的宽阔白带，臀角处有 2 个黑斑，黑斑内有绿黄色鳞，外具橙黄色纹。雌蝶斑纹与雄蝶类似，但背面黑褐色部分明显较宽，后翅外缘和亚外缘有白纹及白带，腹面斑纹与雄蝶相似。

1 年多代，成虫几乎全年可见。

验视标本：1♂，吉隆 2 800 m，1975. Ⅶ. 29，张学忠（中国科学院动物研究所标本）。

分布：西藏、陕西、河南、安徽、江苏、浙江、福建、台湾、海南、广东、云南、香港；世界各地都有分布。

（一二九）玄灰蝶属 *Tongeia* Tutt, [1908]

小型灰蝶。雌雄斑纹相似，翅背面为黑褐色，前翅无斑纹，部分种类隐约可见腹面斑纹，后翅具尾突，外缘、亚外缘有隐约模糊的黑斑，边缘有微弱的淡蓝纹。翅腹面为带褐色的白色、浅灰色，多黑色斑点和斑带。

主要栖息于亚热带和热带森林，飞行缓慢。幼虫以景天科植物为寄主。

分布于东洋区和古北区。

296. 西藏玄灰蝶 *Tongeia menpae* Huang, 1998

小型灰蝶。翅腹面色泽暗，前翅亚外缘斑带下方斑点内移明显，后翅中部的横斑为淡黄褐色，比底色稍深，外围环绕白边，斑纹颗粒状明显。

成虫多见于 5 ~ 8 月。

验视标本：1♂，波密易贡，2018. Ⅸ. 7，周润发。

分布：西藏。

297. 拟竹都玄灰蝶 *Tongeia pseudozuthus* Huang, 2001

小型灰蝶。后翅腹面的斑纹为深黄褐色，中横带外围伴着模糊隐约的黑纹，与外缘斑带的区间为白色，基部为明显的黑斑。

成虫多见于 7 ~ 8 月。

验视标本：1♂，察隅县城，2019. Ⅵ. 29，潘朝晖；1♂，德姆拉山，2020. Ⅷ. 10，潘朝晖。

分布：西藏；印度。

① ♂
亮灰蝶
吉隆 1975-07-29

❶ ♂
亮灰蝶
吉隆 1975-07-29

② ♂
西藏玄灰蝶
波密易贡 2018-09-07

❷ ♂
西藏玄灰蝶
波密易贡 2018-09-07

③ ♂
拟竹都玄灰蝶
察隅县城 2019-06-29

❸ ♂
拟竹都玄灰蝶
察隅县城 2019-06-29

④ ♂
拟竹都玄灰蝶
德姆拉山 2020-08-10

❹ ♂
拟竹都玄灰蝶
德姆拉山 2020-08-10

（一三〇）山灰蝶属 *Shijimia* Matsumura, 1919

小型灰蝶。复眼光滑。雄蝶前足跗节愈合，末端尖锐。下唇须表面光滑，第 3 节针状。后翅无尾突。雄蝶翅背面无发香鳞。翅背面呈黑褐色，腹面白底黑斑。

分布于古北区及东洋区，国内已知 1 种。

298. 山灰蝶 *Shijimia moorei* (Leech, 1889)*

小型灰蝶。雌雄斑纹相近，但雌蝶翅腹面底色较白。躯体背侧暗褐色，腹侧白色。翅背面呈黑褐色，翅腹面斑纹隐约可透视。翅腹面底色白色或灰白色，前、后翅中央有蜿蜒排列的黑褐色斑点列，后翅 m_2 室斑长、杆状，前缘中央有鲜明丸状黑斑点、臀角附近有格外鲜明之黑斑点。中室端有黑褐色短线纹。后翅中室内及翅基附近有黑褐色斑点。前、后翅亚外缘均有 2 列黑褐色纹。

1 年 1 代，成虫多见于 6~8 月，幼虫以唇形科鼠尾草属及苦苣苔科吊石苣苔属植物为寄主。

验视标本：1♂，墨脱 96K，2017. V. 9，潘朝晖。

分布：西藏、贵州、湖北、江西、浙江、台湾；日本，印度。

（一三一）赖灰蝶属 *Lestranicus* Eliot & Kawazoé, 1983

小型灰蝶。雄蝶翅背面有蓝色和白斑，雄蝶前翅外缘较平直。

分布于东洋区，国内已知 1 种。

299. 赖灰蝶 *Lestranicus transpectus* (Moore, 1879) *

小型灰蝶。雄蝶前翅外缘甚为平直，两翅背面呈蓝色，中央或带白纹，外缘有阔度平均的粗黑边。雌蝶背面呈深褐色，前翅中央有白纹。翅腹面底色白色，有灰褐色斑点，沿外缘带灰褐色点列和波浪线纹，前翅外侧的灰褐色纹大致排列成直线。旱季型翅面白纹大幅扩大，后翅面黑边和翅腹黑点减退。

1 年多代，成虫几乎全年可见。

验视标本：1♂1♀，墨脱背崩，2017. V. 12，周润发。

分布：西藏、云南、广西；印度，孟加拉国，缅甸，泰国。

① ♂
山灰蝶
墨脱 2017-05-09

❶ ♂
山灰蝶
墨脱 2017-05-09

② ♂
赖灰蝶
背崩 2017-05-12

❷ ♂
赖灰蝶
背崩 2017-05-12

③ ♀
赖灰蝶
背崩 2017-05-12

❸ ♀
赖灰蝶
背崩 2017-05-12

（一三二）琉璃灰蝶属 *Celastrina* Tutt, 1906

中型灰蝶。雄蝶翅背面呈蓝色至暗紫色，雌蝶背面有粗深褐色边，仅中央带蓝斑或白纹。翅腹面白色或浅灰色，带细小暗褐色斑点。

分布于全北区、东洋区和澳洲区北部，国内已知 10 种。

300. 大紫琉璃灰蝶 *Celastrina oreas* (Leech, 1893)

中型灰蝶。本属体形较大的成员。雄蝶翅背面深紫蓝色，前翅外缘及后翅前缘带窄黑边。翅腹面底色呈略白色，有细小的灰褐色斑点，后翅基部散布浅蓝色鳞片。雌蝶前翅背面前缘和外缘有阔黑边，中央呈灰蓝色，后翅亚外缘有明显黑斑列和波浪线纹。

1 年多代，成虫多见于 4～10 月，幼虫以蔷薇科的台湾扁核木和齿叶白鹃梅等植物为寄主。

验视标本：1♂，八一镇，2017.Ⅶ.1，潘朝晖；1♀，波密易贡，2017.Ⅵ.5，潘朝晖；1♂，波密易贡，2018.Ⅵ.5。

分布：西藏、云南、四川、贵州、陕西、浙江、台湾；印度东北部，缅甸，朝鲜半岛。

301. 莫琉璃灰蝶 *Celastrina morsheasi* (Evans, 1915)

中型灰蝶。本种与大紫琉璃灰蝶相似，主要区别为：本种雄蝶翅背面外缘黑边明显较阔，可达 2 mm；雌蝶翅背面的黑边更阔，中央的偏紫色斑纹仅局限于中室以内。部分地区可能与大紫琉璃灰蝶同域分布，但本种分布海拔偏高。生活史未明。

验视标本：1♂，巴宜区，2018.Ⅷ.2，潘朝晖；1♂，巴宜区，2018.Ⅶ.2，潘朝晖；1♀，高原生态研究所，2017.Ⅶ.9，潘朝晖；1♀，巴宜区，2018.Ⅸ.2，潘朝晖。

分布：西藏、云南、四川。

（一三三）妩灰蝶属 *Udara* Toxopeus, 1928

小型灰蝶。雄蝶翅背面闪有蓝色光泽或白斑，翅腹面白色，具褐色或黑褐色斑点。

分布于东洋区和澳洲区，国内已知 10 种。

302. 妩灰蝶 *Udara dilecta* (Moore, 1879)

小型灰蝶。雄蝶翅背面闪有蓝紫色光泽，前翅中域以及后翅前缘处常具白色斑纹；雌蝶翅背面中域具蓝灰色斑纹；翅腹面白色，具有许多褐色的小斑。

1 年多代，成虫在亚热带地区多见于 5～10 月，热带地区几乎全年可见，幼虫以多种壳斗科植物为寄主。

验视标本：1♂，八一镇，2018.Ⅸ.30，潘朝晖；1♂，墨脱，2018.Ⅶ.12，潘朝晖；1♂，波密易贡，2018.Ⅶ.7，周润发；1♂，易贡，2018.Ⅸ.7，潘朝晖。

分布：西藏、安徽、浙江、福建、江西、广东、广西、海南、四川、贵州、云南、香港、台湾；印度，缅甸，老挝，泰国，越南，马来西亚，印度尼西亚，新几内亚等。

①♂
大紫琉璃灰蝶
八一镇 2017-07-01

❶♂
大紫琉璃灰蝶
八一镇 2017-07-01

②♀
大紫琉璃灰蝶
波密易贡 2017-06-05

❷♀
大紫琉璃灰蝶
波密易贡 2017-06-05

③♂
大紫琉璃灰蝶
波密易贡 2018-06-05

❸♂
大紫琉璃灰蝶
波密易贡 2018-06-05

④♂
莫琉璃灰蝶
巴宜区 2018-08-02

❹♂
莫琉璃灰蝶
巴宜区 2018-08-02

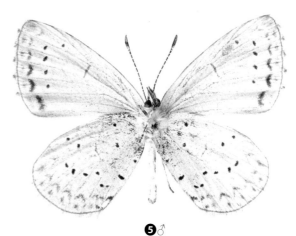

⑤♂
莫琉璃灰蝶
巴宜区 2018-08-02

❺♂
莫琉璃灰蝶
巴宜区 2018-08-02

⑥♀
莫琉璃灰蝶
高原生态研究所 2017-07-09

❻♀
莫琉璃灰蝶
高原生态研究所 2017-07-09

⑦♀
莫琉璃灰蝶
巴宜区 2018-09-02

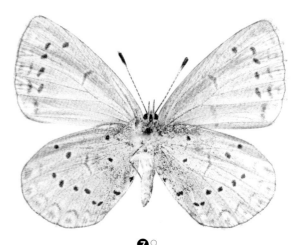

❼♀
莫琉璃灰蝶
巴宜区 2018-09-02

⑧♂
妩灰蝶
八一镇 2018-09-30

❽♂
妩灰蝶
八一镇 2018-09-30

⑨♂
妩灰蝶
墨脱 2018-07-12

❾♂
妩灰蝶
墨脱 2018-07-12

⑩♂
妩灰蝶
波密易贡 2018-08-07

❿♂
妩灰蝶
波密易贡 2018-08-07

⑪♂
妩灰蝶
波密易贡 2018-09-07

⓫♂
妩灰蝶
波密易贡 2018-09-07

（一三四）婀灰蝶属 *Albulina* Tutt, 1909

小型灰蝶。本属种类大多雌雄异色，雄蝶大部分翅背面为蓝色，雄蝶为棕褐色。部分种类雌雄同色，腹面蓝绿色或灰白色，散布有白色斑。

主要分布于古北区，国内已知 16 种。

303. 婀灰蝶 *Albulina orbitula* (de Prunner, 1798)

小型灰蝶。雌雄异色，雄蝶翅背蓝色，外缘具黑色，翅基具白色软毛，翅腹面黄灰色，前翅具黑色中室端斑，亚外缘具黑色点斑，点斑数量个体差异较大。后翅亚外缘具 1 列圆形白斑，呈 S 形，前缘及中室具圆形白斑。雌蝶翅背面棕色，腹面颜色深于雄蝶，斑纹分布与雄蝶近似。

验视标本：1♀，吉隆沟，2017.Ⅷ.29，潘朝晖。

分布：西藏、四川、云南。

304. 安婀灰蝶 *Albulina amphirrhoe* (Oberthür, 1910) *

小型灰蝶。雄蝶翅背面棕色，前翅具白色中室端斑，腹面颜色棕色，具大量不规则白色斑纹，较易与其他种类区分。

验视标本：1♂，德姆拉山，2020.Ⅷ.10，潘朝晖。

分布：西藏、四川。

（一三五）眼灰蝶属 *Polyommatus* Latreille, 1804

小型灰蝶。成虫背面雄蝶天蓝色，翅外缘黑边宽窄种间不一，缘毛白色，雌蝶多黑褐色，沿翅外缘有红斑呈现；腹面灰白色、灰褐色，基部、中室端、亚缘、外缘有黑斑及斑带，后翅中室端斑常有白色放射状三角形斑纹围绕。

分布于古北区，国内已知 20 种。

305. 多眼灰蝶 *Polyommmatus eros* (Ochsenheimer, 1808)

小型灰蝶。雄蝶背面翅色天蓝色，前后向外缘有黑边，后短外缘短室端有黑斑；腹面灰褐色，基部、中室端、中域、亚缘、外缘有黑点斑，亚缘斑及外缘斑间有橙色斑。

成虫多见 6~7 月。

验视标本：1♂1♀，西藏农牧学院校农场，2014.Ⅴ.27，潘朝晖。

分布：西藏、黑龙江、吉林、河北、山东、河南、陕西、宁夏、甘肃、四川、青海；日本，朝鲜，俄罗斯及欧洲大部。

306. 爱慕眼灰蝶 *Polyommatus amorata* Alphéraky, 1897

小型灰蝶。和多眼灰蝶相近，区别为其背面翅外缘黑边较宽，腹面整体翅色灰白，前翅基部通常无斑或少斑。

成虫多见于 6~7 月。

验视标本：1♂，八一镇，2017.Ⅴ.12，潘朝晖。

分布于大部分地区。

①♀
婀灰蝶
吉隆沟 2017-08-29

❶♀
婀灰蝶
吉隆沟 2017-08-29

②♂
安娜灰蝶
德姆拉山 2020-08-10

❷♂
安娜灰蝶
德姆拉山 2020-08-10

③♀
多眼灰蝶
西藏农牧学院农场 2014-05-27

❸♀
多眼灰蝶
西藏农牧学院农场 2014-05-27

④♂
多眼灰蝶
西藏农牧学院农场 2014-05-27

❹♂
多眼灰蝶
西藏农牧学院农场 2014-05-27

⑤♂
爱慕眼灰蝶
八一镇 2017-05-12

❺♂
爱慕眼灰蝶
八一镇 2017-05-12

（一三六）蓝灰蝶属 *Everes* Hübner, [1819]

小型灰蝶。雄蝶翅背面闪蓝色金属光泽，雌蝶翅背面蓝色区域较小，翅腹面具褐色或黑色小斑点，后翅近臀角处具橙色斑。

分布于古北区、新北区、东洋区和澳洲区，国内已知 2 种。

307. 长尾蓝灰蝶 *Everes lacturnus* (Godart, [1824]) *

小型灰蝶。翅腹面除了后翅基部和前缘的斑点呈黑色外，其余斑点呈淡褐色。

1 年多代，成虫多见于 3 ~ 11 月，幼虫以豆科的假地豆、大叶山蚂蝗等植物为寄主。

验视标本：1♀，德姆拉山，2020. Ⅷ.10，潘朝晖。

分布：西藏、福建、广东、广西、海南、云南、香港、台湾；日本，东南亚，南亚及澳洲区。

（一三七）灿灰蝶属 *Agriades* Hübner, [1819]

小型灰蝶。雌雄同色、后翅腹面多具不规则白色斑点。

分布于古北区，国内已知 8 种。

308. 靓灿灰蝶 *Agriades luana* Evans, 2006

小型灰蝶。雌蝶翅背面淡黑色，中室端有 1 三角形白斑，后翅中室端有 1 泪滴状白斑；前翅腹面黑褐色，翅基部灰白色，外缘有 1 列白斑，亚外缘有 5 个白斑组成的斑列，其中 4 个斑中心为黑斑，中室端有 1 个白斑。后翅腹面褐色，基部灰白，外缘和亚外缘形成白色斑列，中室有白色端斑。

验视标本：1♀，德姆拉山，2020. Ⅷ.10，潘朝晖。

分布：西藏。

①♀
长尾蓝灰蝶
德姆拉山 2020-08-10

❶♀
长尾蓝灰蝶
德姆拉山 2020-08-10

②♀
靓灿灰蝶
德姆拉山 2020-08-10

❷♀
靓灿灰蝶
德姆拉山 2020-08-10

五、弄蝶科 Hesperiidae

（一三八）伞弄蝶属 *Bibasis* Moore, 1881

中大型弄蝶。触角较长，翅色为黑色，翅面无斑纹。

分布于东洋区，国内已知 1 种。

309. 伞弄蝶 *Bibasis sena* (Moore, 1865)

中大型弄蝶。翅较长，后翅臀角处突出。翅背面黑褐色，无斑；前翅腹面中域上侧呈淡紫色，下侧具淡褐色斑；后翅中域具 1 条白色斑带，其外侧边缘模糊，下侧呈钩状。后翅近臀角处的缘毛呈淡橙黄色。

1 年多代，成虫几乎全年可见，幼虫以使君子科风车子属等植物为寄主。

验视标本：1♂，波密易贡，2016. Ⅵ. 27，潘朝晖。

分布：西藏、海南；印度，斯里兰卡，缅甸，泰国，老挝，越南，马来西亚，印度尼西亚，菲律宾等。

（一三九）暮弄蝶属 *Burara* Swinhoe, 1893

中型至大型弄蝶。身体粗壮，体被鳞毛，翅腹面常具辐射状细纹，部分雄蝶前翅背面具有性标。

分布于东洋区、澳洲区和古北区，国内已知 9 种。

310. 橙翅暮弄蝶 *Burara jaina* (Moore, 1866)

中大型弄蝶。体背面呈棕褐色，体腹面呈橙黄色。翅背面为棕褐色，前翅前缘为橙黄色，雄蝶前中域具圆形的黑色性标；前翅腹面棕褐色，中域至后缘区域呈白褐色，中室端常具 1 个小白斑，其外侧具 1 列弧形排列的淡黄色小斑，后翅腹面呈棕褐色，翅脉呈橙黄色。前翅缘毛呈褐色，后翅缘毛呈橙黄色。

1 年多代，成虫多见于 3～11 月，幼虫以金虎尾科植物猿尾藤为主。

验视标本：1♂，林芝，采集人和时间不详。

分布：西藏、福建、广东、海南、云南、台湾、香港等地；印度，缅甸，泰国，老挝，越南，马来西亚，印度尼西亚。

①♂
伞弄蝶
波密易贡 2016-06-27

❶♂
伞弄蝶
波密易贡 2016-06-27

②♂
橙翅暮弄蝶
林芝（采集人员和采集时间不详）

❷♂
橙翅暮弄蝶
林芝（采集人员和采集时间不详）

（一四〇）绿弄蝶属 *Choaspes* Moore, [1881]

中大型弄蝶。体形壮硕，翅为鲜艳的蓝、绿色，后翅臀角有橙、黄色斑纹。雄蝶后足胫节具 2 组长毛束（毛笔器），内侧者长度较短，位于后胸与腹部的沟槽内，外侧者较长，位于后足胫节后侧毛状鳞丛内。部分种类雄蝶翅背面有性标。

分布于古北区和东洋区，国内已知 4 种。

311. 褐翅绿弄蝶 *Choaspes xanthopogon* (Kollar, [1844])*

中大型弄蝶。雌雄斑纹差异较明显。雄蝶胸部背侧长毛绿褐色，雌蝶浅蓝色，两者腹部腹面均有橙黄色纹。后翅臀角有叶状突。雄蝶翅表底色褐色，翅基部有具金属光泽之绿褐色毛。雌蝶翅表底色黑褐色，翅基部具浅蓝色长毛。后翅臀角沿外缘有橙红色纹。翅腹面底色绿色，沿翅脉黑褐色，后翅臀角附近有橙红色及黑褐色纹。雄蝶后足胫节基部生有 2 组褐色长毛束。

1 年多代，幼虫以清风藤科清风藤属植物为寄主。

验视标本：1♂，墨脱 80K，2014.Ⅷ.1，潘朝晖；1♂，墨脱 80K，2014.Ⅷ.6，潘朝晖。

分布：西藏、云南、四川、台湾；尼泊尔，印度，缅甸，泰国。

312. 绿弄蝶 *Choaspes benjaminii* (Guérin-Méneville, 1843)*

中大型弄蝶。雌雄斑纹相似。胸部背侧被蓝褐色长毛，腹部腹面有橙黄色纹。后翅臀角有叶状突。翅背面底色暗蓝绿色，翅基有蓝绿色毛，后翅臀角沿外缘有橙红色边。翅腹面底色绿色，沿翅脉黑褐色，后翅臀区附近有橙红色及黑褐色纹。雌蝶翅背面底色较暗，蓝绿色长毛与底色的对比显著。雄蝶后足胫节基部生有 2 组黄褐色长毛束。

1 年多代，幼虫以清风藤科泡花树属植物为寄主。

验视标本：1♂，墨脱 108K，2012.Ⅷ.2，潘朝晖。

分布：西藏、云南、陕西、河南、江西、广西、广东、浙江、福建、香港、台湾；日本、印度，斯里兰卡，缅甸，泰国，老挝，越南，朝鲜半岛。

313. 半黄绿弄蝶 *Choaspes hemixanthus* Rothschild & Jordan, 1903*

中大型弄蝶。雌雄斑纹相似。雄蝶胸部背侧长毛绿褐色，雌蝶浅蓝色，两者腹部腹面均有橙黄色纹。后翅臀角有叶状突。雄蝶翅背面底色暗褐色，翅基黄绿色，后翅臀角沿外缘有橙红色边。雌蝶翅表底色黑褐色，翅基部浅蓝绿色。翅腹面底色绿色，沿翅脉黑褐色，后翅臀区附近有橙红色及黑褐色纹。雄蝶后足胫节基部生有 2 组褐色长毛束。

1 年多代，幼虫以清风藤科清风藤属植物为寄主。

验视标本：1♂，墨脱 80K，2014.Ⅷ.1，潘朝晖。

分布：西藏、云南、四川、江西、广西、广东、浙江、海南、香港；尼泊尔，印度，缅甸，泰国，菲律宾，苏门答腊岛，新几内亚。

① ♂
褐翅绿弄蝶
墨脱 2014-08-01

❶ ♂
褐翅绿弄蝶
墨脱 2014-08-01

② ♂
褐翅绿弄蝶
墨脱 2014-08-06

❷ ♂
褐翅绿弄蝶
墨脱 2014-08-06

③♂
绿弄蝶
墨脱 2012-08-02

❸♂
绿弄蝶
墨脱 2012-08-02

④♂
半黄绿弄蝶
墨脱 2014-08-01

❹♂
半黄绿弄蝶
墨脱 2014-08-01

（一四一）带弄蝶属 *Lobocla* Moore, 1884

中型弄蝶。背面黑褐色，前翅中域、亚顶区有白色半透明斑，后翅无斑纹，后翅腹面多白色鳞片和黑色、棕褐色斑。

基本都分布在西南部高原及云南南部（双带弄蝶），国内已知 6 种。

314. 简纹带弄蝶 *Lobocla simplex* (Leech, 1891) *

中型弄蝶。简纹带弄蝶与其他带弄蝶种类的主要区别是下唇须为黑色。

成虫多见于 5 ~ 6 月。

验视标本：1♂，察隅县城，2015.Ⅵ.12，潘朝晖；1♂，察隅县城，2019.Ⅵ.29，潘朝晖。

分布：西藏、云南、四川。

（一四二）星弄蝶属 *Celaenorrhinus* Hübner, [1819]

中小型、中型或中大型弄蝶。翅形宽阔，前翅有白色或黄色的带纹、斑点，后翅常有白色或黄色小斑点。雄蝶有诸多第二性征，例如后足胫节具有长毛束、胸部腹面后端有一团特化鳞，以及第 2 腹节腹面有 1 对线形发香袋等。

世界热带地区有分布，国内已知 23 种。

315. 小星弄蝶 *Celaenorrhinus ratna* Fruhstorfer, 1908

中型弄蝶。雌雄斑纹相似。触角末端具鲜明白环。腹部黄黑相间。翅背面底色暗褐色。前翅中室端及其他翅室有鲜明白斑，大致排成斜列。翅顶附近有 3 条排成 1 列的小白纹。后翅有黄色斑纹，沿外缘有 1 列拱形细纹，缘毛黄黑相间。翅腹面斑纹色彩与背面相似，但后翅黄纹常较背面鲜明。

1 年 1 代，成虫多见于 6 ~ 7 月，幼虫以爵床科植物为寄主。

验视标本：1♂，墨脱 80K，2014.Ⅷ.1，潘朝晖。

分布：西藏、云南、台湾；印度。

316. 西藏星弄蝶 *Celaenorrhinus tibetana* (Mabille, 1876)

中型弄蝶。触角末端有黄白纹。躯体褐色。翅背面底色暗褐色。前翅有一半透明米白色斜带纹，向前延伸至前缘。翅顶附近有 3 条排成 1 列的小白纹，常融合成一短条。后翅无纹，缘毛黑白相间或全呈白色。翅腹面斑纹色彩与背面相似，但翅面外侧隐约有数只小黄白纹。

验视标本：1♂，波密易贡，2018.Ⅵ.5，潘朝晖。

分布：西藏，四川；印度。

①♂
简纹带弄蝶
察隅县城 2015-06-12

❶♂
简纹带弄蝶
察隅县城 2015-06-12

②♂
简纹带弄蝶
察隅县城 2019-06-29

❷♂
简纹带弄蝶
察隅县城 2019-06-29

③♂
小星弄蝶
墨脱 2014-08-01

❸♂
小星弄蝶
墨脱 2014-08-01

④♂
西藏星弄蝶
波密易贡 2018-06-05

❹♂
西藏星弄蝶
波密易贡 2018-06-05

（一四三）襟弄蝶属 *Pseudocoladenia* Shirozu & Saigusa, 1962

中型弄蝶。翅黄褐色至棕褐色，前翅具白色或黄色的半透明斑。后翅无半透明的斑纹。

分布在东洋区，国内目前已知 4 种。

317. 短带襟弄蝶 *Pseudocoladenia fatua* (Evans, 1949)

中型弄蝶。近似黄襟弄蝶，但本种个体通常稍大，前翅黄白色半透明斑较为集中，且前翅中室上侧的外缘斑通常较长。后翅缘毛通常为黄色和黑色相间状。

1 年多代，成虫多见于 5 ~ 9 月。

验视标本：1♂，墨脱，2018. VII.12，周润发。

分布：西藏、四川、云南；印度，不丹，缅甸。

（一四四）捷弄蝶属 *Gerosis* Mabille, 1903

中型弄蝶。翅底色为黑褐色，前翅具许多大小不等的小白斑，后翅中域具 1 个较大的白斑。

分布于东洋区，国内目前已知 4 种。

318. 匪夷捷弄蝶 *Gerosis phisara* (Moore, 1884)

中型弄蝶。翅底色为黑褐色，前翅近顶角具数个小白斑，中域数个较大的白斑通常不延伸至后缘；后翅白斑外侧具 1 列较大且模糊的深色斑。前、后翅缘毛黑褐色。腹部背面黑白相间。

1 年多代，成虫多见于 3 ~ 11 月，幼虫以豆科两粤黄檀等植物为寄主。

验视标本：1♂，林芝排龙，2021. VI.2，范骁凌。

分布：西藏、浙江、福建、广东、广西、海南、四川、贵州、云南、香港；印度，缅甸，秦国，老挝，越南，马来西亚等地。

（一四五）瑟弄蝶属 *Seseria* Matsumura, 1919

中型弄蝶。翅底色呈褐色，前翅有弯曲排列之半透明白斑。后翅有黑褐色斑点约略作弧状排列，大部分种类后翅上有发达的白纹。雌雄二型性不发达。通常体较小而且前翅中室无白斑。

分布于东洋区，国内已知 3 种。

319. 锦瑟弄蝶 *Seseria dohertyi* (Watson, 1893)

中型弄蝶。雌雄斑纹相似。躯体底色褐色，腹部后半段白色。前翅 cu_2 室有 1 个白斑。后翅翅面中央有明显白色带白纹。翅腹面斑纹色彩与翅背面相似，但翅腹面底色较浅，且后翅白纹范围较广。后翅腹面 $sc+r_1$ 室外侧黑斑点外偏，与 rs 室黑斑点接近而离 $sc+r_1$ 室内侧黑斑点较远。后翅腹面基部暗色纹泛蓝色。雌蝶腹部末端具有浅褐色软毛。

1 年多代，幼虫以樟科植物为寄主。

验视标本：1♂，墨脱 108K，2014. VIII.6，潘朝晖；1♂，墨脱背崩，2017. V.12，潘朝晖。

分布：西藏、云南、海南、广东、福建；尼泊尔，印度，老挝，越南。

① ♂
短带襟弄蝶
墨脱背崩 2018-07-12

❶ ♂
短带襟弄蝶
墨脱背崩 2018-07-12

② ♂
匪夷捷弄蝶
林芝排龙 2021-06-02

❷ ♂
匪夷捷弄蝶
林芝排龙 2021-06-02

③♂
锦瑟弄蝶
墨脱背崩 2017-05-12

❸♂
锦瑟弄蝶
墨脱背崩 2017-05-12

④♂
锦瑟弄蝶
墨脱 2014-08-06

❹♂
锦瑟弄蝶
墨脱 2014-08-06

（一四六）飒弄蝶属 *Satarupa* Moore, 1865

大型弄蝶。翅底色为黑色，前翅具大小不等的白斑，后翅具 1 个大白斑。

分布于古北区和东洋区，国内已知 8 种。

320. 西藏飒弄蝶 *Satarupa zulla* Tytler, 1915

大型弄蝶。前翅中室白斑极小，且靠近前缘而远离中域的白斑，中域下侧的白斑发达；后翅具 1 个宽阔的白色斑带，外侧具 1 列清晰的小黑斑。

1 年 1 代，成虫多见于 6 ~ 9 月。

验视标本：1♂，墨脱汗密，2011.Ⅷ.11，潘朝晖。

分布：西藏、云南；印度，缅甸。

（一四七）毛脉弄蝶属 *Mooreana* Evans, 1926

中型弄蝶。前翅黑褐色，具许多细小的白斑，后翅末端橙黄色。

分布于东洋区，国内已知 1 种。

321. 毛脉弄蝶 *Mooreana trichoneura* (C.& R. Felder, 1860) *

中型弄蝶。翅背面黑褐色，前翅具许多细小的白斑，后翅中域具 1 列黑褐色小斑，其外侧大片区域呈橙黄色。翅腹面斑纹基本同背面，翅脉则明显呈黄白色。

1 年多代，成虫多见于 4 ~ 11 月，幼虫以毛桐等大戟科植物为寄主。

验视标本：1♂，墨脱背崩，2011.Ⅷ.22，潘朝晖。

分布：西藏、广西、海南、云南；印度，缅甸，泰国，老挝，越南，马来西亚，印度尼西亚等。

（一四八）珠弄蝶属 *Erynnis* Schrank, 1801

中型弄蝶。成虫底色为黑褐色，前翅有斜向纵斑带，后翅浅黄斑带有或无，前翅亚顶角处有斑，后翅中室常有斑。

分布于亚洲、欧洲、美洲，国内已知 4 种。

322. 西方珠弄蝶 *Erynnis pelias* Leech, 1891

中型弄蝶，背面翅面黑褐色，前翅有不清晰的暗色纹，伴有大量白色毛列，后翅无斑；腹面前翅亚顶角有 3 个小白斑，顶角处有白鳞片，后翅无斑。

成虫多见于 5 ~ 6 月。

验视标本：1♂，察隅县城，2019.Ⅵ.29，潘朝晖。

分布：西藏、甘肃、青海、四川、云南、贵州。

①♂
西藏飒弄蝶
墨脱汗密 2011-08-11

❶♂
西藏飒弄蝶
墨脱汗密 2011-08-11

②♂
毛脉弄蝶
墨脱背崩 2011-08-22

❷♂
毛脉弄蝶
墨脱背崩 2011-08-22

③♂
西方珠弄蝶
察隅县城 2019-06-29

❸♂
西方珠弄蝶
察隅县城 2019-06-29

（一四九）花弄蝶属 *Pyrgus* Hübner, [1819]

小型弄蝶。该属成虫底色为黑褐色，前翅分布有多数白斑，后翅白斑或有或无。外缘毛黑白相间。雄蝶前翅前缘有前缘褶。

分布于亚洲、欧洲、北非、美洲。国内已知 9 种。

323. 三纹花弄蝶 *Pyrgus dejeani* (Oberthür, 1912)

小型弄蝶。背面黑褐色，前翅顶角尖，中室端斑方形，亚顶角 3 个白斑排列整齐，下侧斑列整齐，后翅斑带 2 条；腹面后翅基大部褐色，基部有 1 个长斑，中域有白色横条斑，是本种独有特征。

成虫多见于 7 月。

验视标本：1♂，墨脱，2004.Ⅵ.23，黄灏。

分布：西藏、甘肃、青海、四川；印度。

（一五〇）银弄蝶属 *Carterocephalus* Lederer, 1852

小型弄蝶。成虫底色为黄褐色至黑褐色，翅面有白色或黄色斑，前翅狭长，前缘中部常凹陷，后翅外角常尖锐。前后翅缘毛颜色不同。

分布于古北区、东洋区、新北区，国内已知 18 种。

324. 愈斑银弄蝶 *Carterocephalus houangty* Oberthür, 1886

小型弄蝶。前翅背面橙黄色，中室及中室下部各有 2 个黑斑，外缘长黑斑 7 个，后翅黑色，由中室向外延长 1 个长橙色斑，外侧 1 列橙黄色斑；腹面色浅，前翅斑同背面，后翅被黄色覆盖，上有模糊不规则分布的褐色、黑色斑。

1 年 1 代，成虫多见于 7 月。

验视标本：5♂♂♂♂♂，高原生态研究所，2010.Ⅶ.20，潘朝晖；1♀，高原生态研究所，2010.Ⅶ.12，潘朝晖；1♂，高原生态研究所，2017.Ⅶ.27，潘朝晖；1♀，高原生态研究所，2017.Ⅷ.15，潘朝晖，1♂，高原生态研究所，2017.Ⅷ.13，潘朝晖。

分布：西藏、四川、云南；缅甸。

325. 白斑银弄蝶 *Carterocephalus dieckmanni* Graeser, 1888*

小型弄蝶。背面翅面黑褐色，斑纹白色，前翅顶角尖白色，前缘中部凹陷，基部及中室端各有 1 个白斑，中室外侧有 4 个斑，亚顶区有 5 个斑，后翅中部有 2 个白斑；腹面棕褐色，前翅斑同背面，后翅基部、中域、外侧分布有斑和斑带，中域及外侧斑因产地不同形成斑状或带状。

1 年 1 代，成虫多见于 5 月。

验视标本：1♂，八一镇，2015.Ⅳ.25，潘朝晖；1♂，高原生态研究所，2011.Ⅴ.4，潘朝晖；1♂，察隅县城，2019.Ⅵ.29，潘朝晖。

分布：西藏、北京、辽宁、内蒙古、甘肃、四川、云南；俄罗斯，缅甸。

326. 西藏银弄蝶 *Carterocephalus tibetanus* South, 1913

小型弄蝶。翅背面黑褐色，斑纹白色，前缘中部凹陷，基部前缘处有一大而模糊白斑，中室基部有1个小而清晰白斑及中室端2个白斑（一大一小），中室外侧有斑4个，亚顶区有4个斑，后翅中部有1个白斑；腹面棕褐色，前翅腹面中室基部有1枚模糊白斑，中室端有2个清晰白斑，亚顶角处有4个白斑（3枚相连），前缘基部有一模糊白带，后翅基部基角处有白色带，中室中部有1个白斑，中部有1条斑列，前缘下面两长方形斑相连，后2个椭圆斑相连，另有2个三角斑相连，亚外缘有一斑列，其中由上至下第2斑大，其余斑较小。

1年1代，成虫多见于3~4月。

验视标本：2♂♂，八一镇，2015.Ⅳ.25，潘朝晖。

分布：西藏、北京、辽宁、内蒙古、甘肃、四川、云南；俄罗斯，缅甸。

327. 克理银弄蝶 *Carterocephalus christophi* Grum-Grshimailo, 1891

小型弄蝶。和白斑银弄蝶相近，区别在于前翅白斑仅靠基部，中域只有2个斑且靠近，触角端白色。

1年1代，成虫多见于6月。

验视标本：1♂,工布江达县松多村4 200 m，2021.Ⅵ.4,范骁凌。

分布：西藏、青海、云南、四川。

（一五一）窄翅弄蝶属 *Apostictopterus* Leech, 1893

大型弄蝶。翅色黑褐色，翅面无斑纹。

分布于东洋区和古北区，国内已知1种。

328. 窄翅弄蝶 *Apostictopterus fuliginosus* Leech, 1893

大型弄蝶。翅色为黑褐色，前翅中域呈黑色，翅面无斑纹；全翅缘毛为黑褐色。

1年1代，成虫多见于7~8月。

验视标本：1♂，墨脱背崩，2017.Ⅴ.7，周润发。

分布：西藏、江西、福建、广西、四川、广东；印度。

（一五二）斜带弄蝶属 *Sebastonyma* Watson，1893

中型弄蝶。前翅具数个小白斑，雄蝶前翅腹面后缘具毛簇，后翅腹面深褐色或棕红色，具黄色或黄白色斑带。

分布于东洋区，国内已知2种。

329. 墨脱斜带弄蝶 *Sebastonyma medoensis* Lee, 1979

中型弄蝶。翅背面深褐色，前翅具数个小白斑，后翅中域隐约可见1条黄色的斑带，其中中室内的2个白斑相连：翅腹面深褐色，后翅中域具1条宽阔的黄色斑带，雄蝶前翅腹面后缘具黑色毛。

成虫多见于5~9月。

验视标本：1♂，墨脱背崩，2017.Ⅴ.12，周润发。

分布：西藏、云南；印度，缅甸，泰国，老挝。

①♀
三纹花弄蝶
墨脱 2004-06-23

❶♀
三纹花弄蝶
墨脱 2004-06-23

②♂
愈斑银弄蝶
高原生态研究所 2010-07-20

❷♂
愈斑银弄蝶
高原生态研究所 2010-07-20

③♀
愈斑银弄蝶
高原生态研究所 2010-07-12

❸♀
愈斑银弄蝶
高原生态研究所 2010-07-12

④♂
愈斑银弄蝶
高原生态研究所 2010-07-12

❹♂
愈斑银弄蝶
高原生态研究所 2010-07-12

⑤♂
愈斑银弄蝶
高原生态研究所 2017-07-27

❺♂
愈斑银弄蝶
高原生态研究所 2017-07-27

⑥♀
愈斑银弄蝶
高原生态研究所 2017-08-15

❻♀
瑜斑银弄蝶
高原生态研究所 2017-08-15

⑦♂
愈斑银弄蝶
高原生态研究所 2010-07-20

❼♂
愈斑银弄蝶
高原生态研究所 2010-07-20

⑧♂
愈斑银弄蝶
高原生态研究所 2017-07-13

❽♂
愈斑银弄蝶
高原生态研究所 2017-07-13

⑨♂
愈斑银弄蝶
高原生态研究所 2017-07-20

❾♂
愈斑银弄蝶
高原生态研究所 2017-07-20

⑩
愈斑银弄蝶
高原生态研究所 2010-07-20

❿
愈斑银弄蝶
高原生态研究所 2010-07-20

⑪♂
白斑银弄蝶
高原生态研究所 2011-05-04

⓫♂
白斑银弄蝶
高原生态研究所 2011-05-04

⑫♂
白斑银弄蝶
察隅县城 2019-06-29

⓬♂
白斑银弄蝶
察隅县城 2019-06-29

⑬♂
白斑银弄蝶
八一镇 2015-04-25

❸♂
白斑银弄蝶
八一镇 2015-04-25

⑭♂
西藏银弄蝶
高原生态研究所 2015-04-25

❹♂
西藏银弄蝶
高原生态研究所 2015-04-25

⑮♂
西藏银弄蝶
高原生态研究所 2015-04-25

❺♂
西藏银弄蝶
高原生态研究所 2015-04-25

⑯♂
克里银弄蝶
工布江达 2021-06-04

❶♂
克里银弄蝶
工布江达 2021-06-04

⑰♂
窄翅弄蝶
墨脱背崩 2017-05-07

⑰♂
窄翅弄蝶
墨脱背崩 2017-05-07

⑱♂
斜带弄蝶
墨脱背崩 2017-05-12

❶♂
斜带弄蝶
墨脱背崩 2017-05-12

（一五三）琵弄蝶属 *Pithauria* Moore, 1878

中型弄蝶。身体较强壮，触角钩区细长，部分种类雄蝶翅背面具黄色鳞毛。

分布于东洋区，我国4种。

330. 琵弄蝶 *Pithauria murdava* (Moore, 1865)

中型弄蝶。雄蝶翅背面深褐色，前翅中室具2个小黄斑，中域外侧具4个小黄斑，前翅中域下侧以及后翅基部至中域具有少量的淡黄绿色鳞毛；翅腹面深褐色，后翅上侧常具1个小斑，外侧具1条模糊的淡色斑带。

1年多代，成虫几乎全年可见。

验视标本：1♂，墨脱，2018. Ⅶ. 12，潘朝晖。

分布：西藏、广西、海南、云南；印度，缅甸，泰国，老挝，越南。

（一五四）奥弄蝶属 *Ochus* de Nicéville, 1894

小型弄蝶。翅腹面黄色，具黑色线纹。

分布于东洋区，国内已知1种。

331. 奥弄蝶 *Ochus subvittatus* (Moore, 1878)

小型弄蝶。翅背面黑褐色，无斑纹；前翅腹面上部具黄色细纹，后翅腹面呈黄色，具黑色线纹。

1年多代，成虫多见于5~10月。

验视标本：1♂墨脱，2018. Ⅶ. 12，周润发。

分布：西藏、广东、广西、云南；印度，缅甸，泰国，老挝，越南。

① 琵弄蝶
墨脱 2018-07-12

❶ 琵弄蝶
墨脱 2018-07-12

②♂ 奥弄蝶
墨脱 2018-07-12

❷♂ 奥弄蝶
墨脱 2018-07-12

（一五五）陀弄蝶属 *Thoressa* Swinhoe, [1913]

中小型弄蝶。成虫底色为黑褐色，前翅有透明白斑，中室有斑或无斑，雄蝶 cu2 室常有烙印状性标，有些种类无性标；后翅中域常有褐色毛列，后翅有斑或无斑。

分布于东洋区、古北区，国内已知 21 种。

332. 褐陀弄蝶 *Thoressa hyrie* (de Nicéville, 1891)

中型弄蝶。翅背面黑褐色，前翅中室端斑 2 个相连，中室外中域 2 个斑相错，下边斑方形，亚顶角处有 3 个斑，雄蝶无性标，后翅无斑。腹面后翅棕色，中域斑隐见。

成虫多见于 5 月。

验视标本：1♂，墨脱，2018. Ⅶ. 28，潘朝晖。

分布：西藏。

333. 银条陀弄蝶 *Thoressa bivtta* (Oberthür, 1867)

中型弄蝶。翅背面黑褐色，斑纹白色，前翅狭长，中室端有 2 个斑，中域有 2 个斑，亚顶角斑 3 个，后翅无斑；腹面棕色，前翅同背面，后翅有银白色放射状长条纹。

成虫多见于 5 月。

验视标本：1♂，察隅县城，2019. Ⅵ. 29，潘朝晖。

分布：西藏、云南、四川。

（一五六）酣弄蝶属 *Halpe* Moore, 1878

中型弄蝶。身体较强壮，触角钩区细长，部分种类雄蝶翅背面具黄色鳞毛。

分布于东洋区，国内已知 4 种。

334. 黑酣弄蝶 *Halpe knyvetti* Elwes & Edwards, 1897

中型弄蝶。翅背面深褐色，斑纹淡黄白色，前翅中室内具 1 个椭圆形的小斑，其外侧具 4 个小斑，雄蝶前翅中域具黑色性标；翅腹面褐色，后翅外侧具 1 列模糊的暗斑，近臀角处常具黄色小斑。前翅缘毛为淡褐色与黑褐色相间状，后翅缘毛为淡褐色。

成虫多见于 6 ~ 9 月。

验视标本：1♂，排龙，2019. Ⅶ. 18，潘朝晖。

分布：西藏；印度，缅甸。

（一五七）索弄蝶属 *Sovia* Evans, 1949

中小型至中型弄蝶。翅深褐色，前翅具白色或淡黄色的小斑，后翅背面通常无斑，雄蝶分布于东洋区，国内目前已知 8 种。

335. 远斑索弄蝶 *Sovia separata* (Moore,1882)

中型弄蝶。翅背面黑褐色，前翅具数个细小的白斑，雄蝶前翅中域具暗色性标，后翅无斑；翅腹面棕褐色，后翅无斑或具深褐色小斑。翅缘毛呈黄白色与黑褐色相间。

成虫多见于 6～8 月。

验视标本：1♂，墨脱 80K，2016.Ⅶ.30，潘朝晖。

分布：西藏、云南；印度，缅甸。

（一五八）袖弄蝶属 *Notocrypta* de Nicéville, 1889

中型弄蝶。翅底色为黑褐色，前翅中域具有 1 个大白斑，后翅无白斑。

分布于东洋区和澳洲区，国内已知 4 种。

336. 宽纹袖弄蝶 *Notocrypta feisthamelii* (Boisduval, 1832)

中型弄蝶。前翅腹面中域的白斑到达前翅前缘，前翅顶角处具有数个小白斑；后翅腹面具黄褐色和暗蓝色的鳞片。

1 年多代，成虫多见于 3～11 月，幼虫以多种姜科植物为寄主。

验视标本：1♂，波密易贡，2018.Ⅹ.5，潘朝晖。

分布：西藏、浙江、福建、湖南、广东、广西、四川、云南、香港、台湾等；新几内亚，东南亚，南亚等。

（一五九）钩弄蝶属 *Ancistroides* Butler, 1874

中大型弄蝶。触角较长，翅色为黑色，翅面无斑纹。

分布于东洋区，国内已知 1 种。

337. 黑色钩弄蝶 *Ancistroides nigrita*(Latreille，[1824])

中大型弄蝶。翅形较圆润，翅色为黑色，无斑纹。

验视标本：1♂，墨脱背崩，2017.Ⅴ.7，周润发。

分布：西藏、云南、海南；印度，缅甸，马来西亚，印度尼西亚，菲律宾。

（一六○）暗弄蝶属 *Stimula* de Nicéville, 1898

中型弄蝶。翅色呈黑色，翅面无斑纹。成虫栖息于植被较好的热带林缘等环境。

分布于东洋区，国内已知 1 种。

338. 斯氏暗弄蝶 *Stimula swinhoei* (Elwes ＆ Edwards, 1897)

中型弄蝶。触角较短，翅背面黑褐色，翅腹面深褐色，翅面无斑纹。

1 年多代，成虫几乎全年可见。

验视标本：1♂，墨脱背崩，2018.Ⅴ.12，周润发。

分布：西藏、云南；印度，缅甸。

①♂
褐陀弄蝶
墨脱 2018-07-28

❶♂
褐陀弄蝶
墨脱 2018-07-28

②♂
银条陀弄蝶
察隅县城 2019-06-29

❷♂
银条陀弄蝶
察隅县城 2019-06-29

③♂
黑酣弄蝶
排龙 2019-07-18

❸♂
黑酣弄蝶
排龙 2019-07-18

④♂
远斑索弄蝶
墨脱 2016-07-30

❹♂
远斑索弄蝶
墨脱 2016-07-30

⑤♂
宽纹袖弄蝶
波密易贡 2018-10-05

❺♂
宽纹袖弄蝶
波密易贡 2018-10-05

⑥♂
黑色钩弄蝶
墨脱背崩 2017-05-07

❻♂
黑色钩弄蝶
墨脱背崩 2017-05-07

⑦♂
斯氏暗弄蝶
墨脱背崩 2018-05-12

❼♂
斯氏暗弄蝶
墨脱背崩 2018-05-12

（一六一）赭弄蝶属 *Ochlodes* Scudder, 1872

中型弄蝶。成虫底色为黄褐色、黑褐色，翅面有黄褐色斑或白色斑，有部分斑透明；后翅腹面有较少较小的黄斑或白斑，雄蝶前翅有线状性标。

分布于古北区、东洋区，国内已知 15 种。

339. 雪山赭弄蝶 *Ochlodes siva* (Moore, 1878)

翅背面赭褐色，前翅有半透明黄斑，中室端斑 2 个长线状：亚顶端小斑 3 个；m_3 室、cu_1 室各有 1 个大斑，不重叠；cu_2 室有 1 个不透明楔形黄白色斑纹。后翅有 3 或 4 个不透明黄白斑，中室中部有 1 个黄斑。雄蝶前翅中域有 1 个黑色性标。

验视标本：1♂，波密易贡，2017. Ⅸ.13，潘朝晖。

分布：西藏、云南、台湾；缅甸，泰国，印度。

340. 西藏赭弄蝶 *Ochlodes thibetana* (Oberthür, 1886)

中型弄蝶。背面翅面棕褐色，斑纹黄白色，半透明，中室端斑 2 个，细长，雄蝶中室外有线状性标，性标外侧有 3 个斑，亚顶角斑 3 个，下方常有 1～2 个小斑或无，后翅中室有 1 个斑，亚外缘区有 5 个小斑，腹面斑纹同背面。

1 年 1 代，成虫多见于 6 月。

验视标本：1♂，察隅县城，2019. Ⅵ.29，潘朝晖。

分布：西藏、四川、云南；缅甸。

（一六二）异诺弄蝶属 *Zenonoida* Fan & Chiba, 2016

主要特征是下唇须第 3 节短，直立或半直立；中室相连或偏上一点的斑消失；雄性外生殖器钩形突基部中央膜质；颚形突肘状。

341. 异诺弄蝶 *Zenonoida eltola* (Hewitson, 1869)

中型弄蝶。翅背面深褐色。翅腹面黄褐色，翅面斑点为白色至黄色，前翅具 7～8 个大小不等的斑点，其中最靠下部的斑点颜色为黄色。后翅中域具 3 个斑点，其中位于外侧的斑点最大，位于中间的斑点最小。雄蝶翅面无性标。

1 年多代，成虫多见于 3～11 月。幼虫以竹叶草、芦竹、求米草等禾本科植物为寄主。

验视标本：1♂，高原生态研究所，2016. Ⅵ，潘朝晖。

分布：西藏、福建、广东、广西、海南、云南、台湾；印度，缅甸，泰国，越南，老挝。

342. 融纹异诺弄蝶 *Zenonoida discrete* (Elwes & Edwards, 1897)

中型弄蝶。翅背面深褐色，翅腹面深黄褐色，翅面斑点为白色至淡黄色，前翅具 7～8 个大小不等的斑点。后翅中域具 3 个斑点，其中位于外侧的斑点最大。雄蝶翅面无性标。

1 年多代，成虫多见于 5 ~ 10 月，幼虫以禾本科植物为寄主。

验视标本：1♂，排龙，2002. Ⅵ. 20，罗大庆。

分布：西藏、四川、云南；印度，尼泊尔，缅甸，泰国，越南，马来西亚。

（一六三）稻弄蝶属 *Parnara* Moore, 1881

小型弄蝶。触角短，翅底色为褐色至深褐色，斑点为白色或淡黄白色。前翅具 3 ~ 8 个斑点， 后翅中域常具 4 ~ 5 个曲折或直线状排列的斑点。雄蝶无性标。

分布于古北区、东洋区、澳洲区和非洲区，国内已知 5 种。

343. 直纹稻弄蝶 *Parnara guttata* (Bremer & Grey, 1853) *

中型弄蝶。翅背面褐色，翅腹面黄褐色，翅面的斑点呈白色半透明状，前翅具 6 ~ 8 个斑点呈弧状排列，后翅中部具 4 个排列成直线的斑点。全翅背面和腹面的斑纹基本一致。

1 年多代，成虫多见于 3 ~ 11 月，幼虫以水稻、芒、李氏禾等禾本科植物为寄主。

验视标本：1♀，察隅县城，2019. Ⅵ. 29，潘朝晖。

分布：西藏、河北、黑龙江、宁夏、甘肃、陕西、山东、河南、江苏、安徽、浙江、湖北、江西、湖南、福建、台湾、广东、广西、四川、贵州、云南；俄罗斯，日本，朝鲜半岛，印度，缅甸，老挝，越南，马来西亚等。

344. 挂墩稻弄蝶 *Parnara batta* Evans, 1949

中小型弄蝶。翅背面褐色，翅腹面黄褐色，翅面的斑点细小，呈白色至淡黄白色，前翅具 4 ~ 8 个斑点，呈弧状排列，后翅通常具 2 ~ 4 个略呈曲折排列的小斑点，但有时这些斑点会退化消失。

1 年多代，成虫多见于 4 ~ 11 月。

验视标本：1♂，波密易贡，2016. Ⅵ. 27，潘朝晖。

分布：西藏、浙江、福建、江西、湖南、广东、广西、四川、贵州、云南；越南。

①♂
雪山赭弄蝶
波密易贡 2017-09-13

❶♂
雪山赭弄蝶
波密易贡 2017-09-13

②♂
西藏赭弄蝶
察隅县城 2019-06-29

❷♂
西藏赭弄蝶
察隅县城 2019-06-29

③♂
异诺弄蝶
高原生态研究所 2016-06-？？

❸♂
异诺弄蝶
高原生态研究所 2016-06-？？

④♂
融纹异诺弄蝶
排龙 2002-06-20

❹♂
融纹异诺弄蝶
排龙 2002-06-20

⑤♀
直纹稻弄蝶
察隅县城 2019-06-29

❺♀
直纹稻弄蝶
察隅县城 2019-06-29

⑥♂
挂墩稻弄蝶
波密易贡 2016-06-27

❻♂
挂墩稻弄蝶
波密易贡 2016-06-27

第三部分
西藏蝴蝶生态图

巴黎翠凤蝶 墨脱 2014.9.30 陈利军摄

玉斑凤蝶 通麦 2019.4.6 罗大庆摄

金凤蝶 拉萨市达孜县 2013-07-24 周尧至摄

斜纹绿凤蝶 背崩 2017-05-10 杨棋程摄

华夏剑凤蝶　易贡　2017-06-10　杨棋程摄

君主绢蝶　米拉山　2013-07-19　罗大庆摄

元首绢蝶　吉隆　2018-08-01　罗大庆摄

橙黄豆粉蝶　八一镇　2014-04-27　潘朝晖摄

橙黄豆粉蝶　派镇　2013-07-10　潘朝晖摄

尖钩粉蝶　派镇　2013-07-10　潘朝晖摄

洒青斑粉蝶 汗密 2013-07-（12-29） 潘朝晖摄

玉带黛眼蝶 墨脱 2014-09-30 陈利军摄

暗色绢粉蝶 古乡 2018-06-21 杨棋程摄

暗色绢粉蝶 易贡 2012-06-05 潘朝晖摄

暗色绢粉蝶 易贡 2018-07-01 潘朝晖摄

暗色绢粉蝶 基隆 2012-07-10 罗大庆摄

华山黛眼蝶　墨脱汗密　2013-07-（12~29）　潘朝晖摄

华山黛眼蝶　墨脱汗密　2013-07-（12~29）　潘朝晖摄

藏眼蝶 高原生态研究所 2014-07-21 潘朝晖摄

藏眼蝶 高原生态研究所 2014-07-21 潘朝晖摄

黑斑荫眼蝶　墨脱　2016-07-29　潘朝晖摄

指名黑眼蝶 ♂　墨脱背崩　2017-06-11　杨棋程摄

闪紫锯眼蝶　墨脱　2014-09-30　陈利军摄

小型林眼蝶　派镇　2013-07-02　潘朝晖摄

前雾矍眼蝶　墨脱　2014-09-30　陈利军摄

矍眼蝶　墨脱　2017-06-09　杨棋程摄

白边艳眼蝶 察隅县城 2019-06-29 潘朝晖摄

朴喙蝶 易贡 2018-08-10 潘朝晖摄

红裙边眸眼蝶　高原生态研究所　2014-06-09　潘朝晖摄

红裙边眸眼蝶　高原生态研究所　2017-07-03　杨棋程摄

阿芬眼蝶 高原生态研究所 2018-08-09 潘朝晖摄

阿芬眼蝶 高原生态研究所 2018-08-09 潘朝晖摄

黄带凤眼蝶 汗密 2013-07-（12-29）　潘朝晖摄

黄带凤眼蝶 汗密 2013-07-（12-29）　潘朝晖摄

大绢斑蝶 墨脱 2016-12-06 罗大庆摄

史氏绢斑蝶 墨脱 2018-08-06 杨棋程摄

异型紫斑蝶　墨脱　2016-12-07　罗大庆摄

异型紫斑蝶　墨脱　2016-12-07　罗大庆摄

双星箭环蝶 墨脱汗密 2013-07-（12-29） 潘朝晖摄

双星箭环蝶 墨脱汗密 2013-07-（12-29） 潘朝晖摄

苎麻珍蝶　察隅　2015-06-25　潘朝晖摄

苎麻珍蝶　察隅　2015-06-24　潘朝晖摄

辘蛱蝶 墨脱 2018-07-13 杨棋程摄

绿豹蛱蝶 察隅 2014-09-01 潘朝晖摄

斐豹蛱蝶 墨脱 2014-09-30 陈利军摄

斐豹蛱蝶 墨脱 2014-09-30 陈利军摄

斐豹蛱蝶 墨脱 2014-07-25 陈利军摄

斐豹蛱蝶 墨脱 2014-07-25 陈利军摄

银豹蛱蝶　墨脱大岩桐—拉格　2013-08-02　潘朝晖摄

灿福蛱蝶　察隅　2015-06-24　潘朝晖摄

曲斑珠蛱蝶 易贡 2017-07-05 杨棋程摄

曲斑珠蛱蝶♀ 易贡 2017-07-05 杨棋程摄

西藏珠蛱蝶 墨脱大岩洞—拉格 2013-08-02 潘朝晖摄

西藏珠蛱蝶 ♂ 墨脱大岩洞 2013-08-01 潘朝晖摄

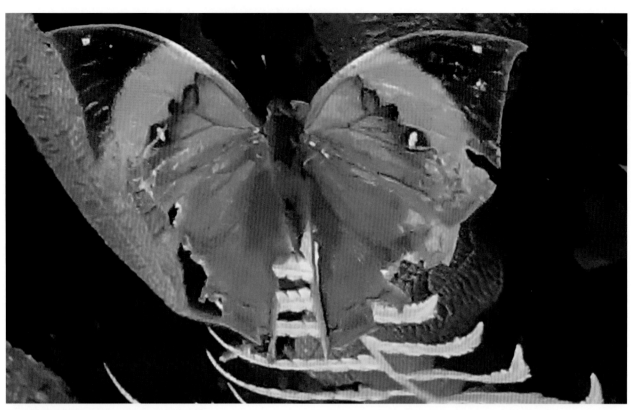

枯叶蛱蝶 背崩 2017-05-12 杨棋程摄

蓝带枯叶蛱蝶 墨脱 2015-07-26 潘朝晖摄

中华荨麻蛱蝶　高原生态研究所　2014-04-19　潘朝晖摄

中华荨麻蛱蝶　高原生态研究所　2014-04-19　潘朝晖摄

琉璃蛱蝶 墨脱 2015-07-26 潘朝晖摄

翠蓝眼蛱蝶 墨脱 2012-08-04 潘朝晖摄

大红蛱蝶　墨脱汗密　2013-07-（12-29）　潘朝晖摄

大红蛱蝶　墨脱汗密　2013-07-（12-29）　潘朝晖摄

小红蛱蝶 高原生态研究所 2014-06-03 潘朝晖摄

小红蛱蝶 高原生态研究所 2014-06-03 潘朝晖摄

波翅眼蛱蝶　墨脱　2014-08-03　杨棋程摄

波翅眼蛱蝶　墨脱　2014-09-30　陈利军摄

钩翅眼蛱蝶 墨脱 2016-08-03 潘朝晖摄

中华蜘蛱蝶 通麦 2019-04-06 罗大庆摄

散纹盛蛱蝶 墨脱 2014-09-30 陈利军摄

散纹盛蛱蝶 排龙 2016-08-02 潘朝晖摄

断纹蜘蛱蝶 排龙 2019-04-26 潘朝晖摄

断纹蜘蛱蝶 排龙 2019-04-26 潘朝晖摄

菌网蛱蝶 鲁朗 2016-08-12 罗大庆摄

菌网蛱蝶 鲁朗 2016-08-12 罗大庆摄

大二尾蛱蝶 背崩 2017-05-05 杨棋程摄

凤尾蛱蝶 墨脱 2014-09-30 陈利军摄

罗蛱蝶 墨脱 2012-08-？？ 郎嵩云摄

帅蛱蝶 墨脱 2017-07-03 杨棋程摄

窗蛱蝶 背崩 2017-05-05 杨棋程摄

芒蛱蝶 墨脱 2014-09-30 陈利军摄

蒺藜纹脉蛱蝶　墨脱　2016-12-06　罗大庆摄

蒺藜纹脉蛱蝶　墨脱　2014-09-30　陈利军摄

秀蛱蝶 墨脱 2014-09-30 陈利军摄

秀蛱蝶 墨脱 2016-07-08 潘朝晖摄

素饰蛱蝶 墨脱 2012-07-28 潘朝晖摄

素饰蛱蝶 墨脱 2014-07-26 陈利军摄

网丝蛱蝶 墨脱 2014-07-27 潘朝晖摄

网丝蛱蝶 墨脱 2018-07-20 杨棋程摄

黄绢坎蛱蝶　墨脱　2018-07-28　潘朝晖摄

黄绢坎蛱蝶　墨脱　2014-09-30　陈利军摄

耙蛱蝶 墨脱 2015-07-26 潘朝晖摄

珐琅翠蛱蝶 背崩 2017-05-20 杨棋程摄

巴翠蛱蝶 墨脱 2016-07-20 潘朝晖摄

巴翠蛱蝶 墨脱 2016-07-20 潘朝晖摄

小渡带翠蛱蝶 汗密 2013-07-（12-29） 潘朝晖摄

小渡带翠蛱蝶 墨脱汗密 2013-07-（12-29） 潘朝晖摄

黄铜翠蛱蝶 汗密 2013-07-（12-29） 潘朝晖摄

黄铜翠蛱蝶 墨脱汗密 2013-07-（12-29） 潘朝晖摄

奥蛱蝶 墨脱 2018-07-30 杨棋程摄

钩纹弄蝶 易贡 2017-07-05 杨棋程摄

红线蛱蝶 派镇 2013-07-10 潘朝晖摄

红线蛱蝶 古乡 2013-07-09 潘朝晖摄

红线蛱蝶 派镇 2013-07-10 潘朝晖摄

缕蛱蝶 派镇　2013-07-03 潘朝晖摄

双色带蛱蝶 墨脱 2015-07-26 潘朝晖摄

西藏俳蛱蝶　墨脱　2018-07-20　杨棋程摄

西藏俳蛱蝶　墨脱　2017-07-30　潘朝晖摄

西藏俳蛱蝶 墨脱汗密 2013-07-（12-29） 潘朝晖摄

肃蛱蝶 墨脱 2016-08-02 潘朝晖摄

黄带褐蚬蝶 背崩 2017-07-15 杨棋程摄

黄环蛱蝶 墨脱汗密 2013-07-（12-29） 潘朝晖摄

宽环蛱蝶 易贡 2018-08-07 杨棋程摄

红秃尾蚬蝶 墨脱 2016-07-29 潘朝晖摄

秃尾蚬蝶　通麦　2019-04-06　罗大庆摄

秃尾蚬蝶　通麦　2019-04-06　罗大庆摄

银纹尾蚬蝶 易贡 2017-07-13 杨棋程摄

波蚬蝶 汗密 2013-07-（12-29） 潘朝晖摄

斜带缺尾蚬蝶　排龙　2018-07-19　罗大庆摄

斜带缺尾蚬蝶　背崩　2017-07-17　杨棋程摄

毕磐灰蝶　派镇　2013-07-10　潘朝晖摄

江崎灰蝶　波密　2016-08-01　潘朝晖摄

红灰蝶　八一镇　2017-07-04　杨棋程摄

红灰蝶　八一镇　2016-06-25　潘朝晖摄

吉蒲灰蝶 墨脱 2018-07-20 杨棋程摄

耀彩灰蝶♀ 林芝 2019-06-07 潘朝晖摄

耀彩灰蝶　排龙　2014-07-21　潘朝晖摄

耀彩灰蝶　排龙　2020-05-06　潘朝晖摄

浓紫彩灰蝶 背崩 2017-05-12 杨棋程摄

摩来彩灰蝶 八一镇 2016-07-24 罗大庆摄

大紫琉璃灰蝶　比日神山　2013-07-13　杨棋程摄

大紫琉璃灰蝶　八一镇　2018-07-01　潘朝晖摄

酢浆灰蝶 八一镇 2018-09-10 潘朝晖摄

西藏飒弄蝶 汗密 2013-07-（12-29） 潘朝晖摄

莫琉璃灰蝶 朗县 2017-08-20 潘朝晖摄

莫琉璃灰蝶 林芝 2017-07-09 潘朝晖摄

莫琉璃灰蝶 林芝 2017-07-10 杨棋程摄

莫琉璃灰蝶 八一镇 2016-07-24 罗大庆摄

多眼灰蝶 拉萨曲水 2009-07-13 普穷摄

多眼灰蝶 墨脱 2018-07-30 杨棋程摄

愈斑银弄蝶　高原生态研究所　2014-06-07　潘朝晖摄

愈斑银弄蝶　高原生态研究所　2014-06-02　潘朝晖摄

绿弄蝶 墨脱 2014-09-30 陈利军摄

双带弄蝶 察隅县城 2019-06-13 潘朝晖摄

窄翅弄蝶 墨脱汗密 2013-07-（12-29） 潘朝晖摄

窄翅弄蝶 墨脱 2017-05-07 杨棋程摄

作者简介

潘朝晖，男，汉族，1971年9月生，祖籍甘肃省武山县，西藏农牧学院研究员，硕士生导师，本科和硕士毕业于东北林业大学森林保护专业。2008年7月，经时任东北林业大学党委书记王学全推荐，赴西藏大学农牧学院（现西藏农牧学院）任教，也开启了对西藏昆虫的收集、整理、以及西藏昆虫多样性与林木病虫害防控之旅。

自任教以来，先后承担大专、本科和研究生三个层次的多门教学课程，培养过6名硕士研究生（已毕业3名）；主持了国家自然基金项目2项、自治区重点项目2项，自治区自然科学基金项目1项，目前还主持着"第二次青藏高原综合科学考察研究"子课题1项（子课题项目编号：2019QZKK05010602）；近年已发表科研论文近50篇，其中被SCI收录20篇，主编专著2部，作为副主编编写专著1部，参编专著3部；发表昆虫新物种34种，在潘朝晖和与同行的共同努力和整理下，将西藏昆虫物种从2008年文献记载的4 000余种增加至目前的6 000余种；多年来，经过其野外辛勤采集下，收集到藏东南昆虫种质资源标本10万余号，全部保存于西藏农牧学院高原生态研究所；2012年12月获得的"2010—2011年河南省优秀图书一等奖"（第2名）、2013年5月获得"西藏自治区科学技术奖一等奖"（第2名）、2014年7月获得"国家科学技术进步二等奖"（第12名）；曾任西藏大学二级学科动物学学科带头人、自治区林业厅有害生物调查专家组成员、中国昆虫学会第九届理事会青年工作委员会委员，现任西藏自治区植保学会理事会理事、进出境濒危物种鉴定实验室联盟野生动物鉴定技术组成员、中国昆虫学会第一届蛾类专业委员会委员。

2019年东北林业大学推出"壮丽七十年人物"栏目，讲述了东林人的奋斗故事，展现了东林人的时代担当，其被作为西藏代表之一进行专题报道；2020年4月中国教育新闻网、《中国教育报》对东北林业大学学子扎根西藏的群体做了专题报道，潘朝晖也在其中；2021年学习强国教育频道教师栏目刊发了潘朝晖在西藏的个人事迹。

在实验室工作

2011 年在排龙采集

采集生境之一（帕隆藏布）

野外灯诱

2014 年与中国科学院动物研究员科考人员在丙察察科考

2014 年与中国科学院动物研究所科考人员在丙察察科考途中吃晚餐

2015 年在察隅采集

2017 年 5 月 1 日和研究生杨棋程、周润发在八一镇觉木沟进行蝴蝶样线观测

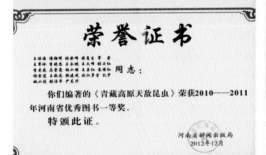

拉丁文名索引

中文名索引

主要参考文献

[1] 李泽建，赵明水，刘萌萌，等．浙江天目山蝴蝶图鉴 [M].北京：中国农业科学技术出版社，2019.

[2] 李泽建，刘玲娟，刘萌萌，等．百山祖国家公园蝴蝶图鉴：第 1 卷 [M].北京：中国农业科学技术出版社，2020.

[3] 王敏，范骁凌．中国灰蝶志 [M].郑州：河南科学技术出版社，2002.

[4] 武春生，徐堉峰．中国蝴蝶图鉴 [M].福州：海峡书局，2017.

[5] 武春生．中国动物志：昆虫纲 第 25 卷 鳞翅目 凤蝶科 [M].北京：科学出版社，2001.

[6] 武春生．中国动物志：昆虫纲 第 52 卷 鳞翅目 粉蝶科 [M].北京：科学出版社，2010.

[7] 徐堉峰．台湾蝴蝶图鉴 [M].台北：晨星出版社，2013.

[8] 周尧．中国蝶类志 (上下册)[M].修订版 .郑州：河南科学技术出版社，1994.

[9] 诸立新，刘子豪，虞磊，等．安徽蝴蝶志 [M].合肥：中国科技大学出版社，2017.